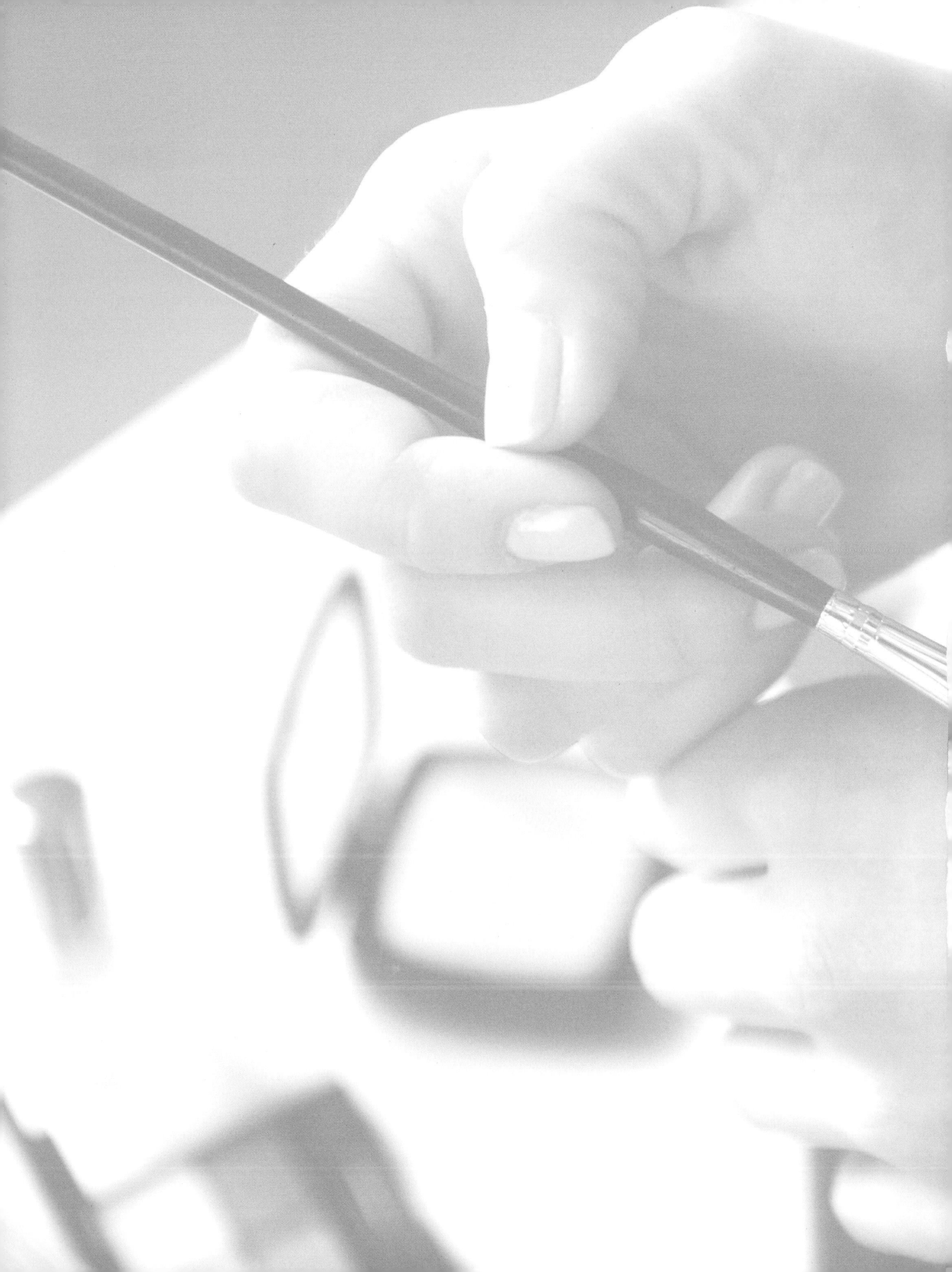

BASIC MAKE UP

기초 메이크업

메디시인

머리말

인류의 역사와 함께 한 메이크업은 아름다워지려는 미적욕구 뿐만 아니라 자신의 개성을 표현하거나 새로운 이미지로 연출하고자하는 창조적 예술의 한 장르로 나타나고 있다.

최근 세계적으로 K-뷰티산업이 주목을 받으며 국내의 미용 산업과 미용 교육 분야가 빠른 성장과 관심을 받고 있으며 메이크업 미용사 국가자격증 취득의 실기시험에서는 다양한 과제를 통해 메이크업아티스트가 갖추어야할 역량을 요구하고 있다. 이에 미용인들에게 더욱 창의적이고 아트적인 감성이 중요해졌고 점차 다양화와 전문성의 요구도도 높아졌다.

따라서 메이크업의 입문단계인 기초과정에서 체계적으로 중요한 기본개념들을 충실히 이해하고 따라할 수 있도록 구성하였고 실기부분은 일러스트와 실제 모델을 대상으로 단계별 시연을 정리하고 사진을 제시함으로써 시각적으로 쉽고 지루하지 않게 접근할 수 있도록 하였다.

이에 메이크업 아티스트가 되는데 필요한 기초적인 지식에서부터 실기테크닉을 숙달시켜 보다 창의적이고 아름다움을 표현하는데 조금이나마 보탬이 되기를 바라며 집필되었다.

끝으로 이 출판에 애써주신 메디시언의 주민기 이사님과 편집에 도움을 주신 임직원 여러분께 감사드린다.

을사년 새 봄에

저자 일동

Contents

PART Ⅰ 메이크업 기초 이론

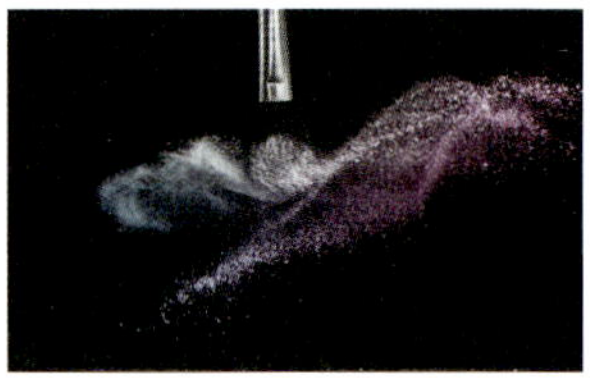

PART Ⅱ 메이크업 기초이해

PART Ⅲ 메이크업 실제

PART Ⅳ Image Make-up

PART Ⅰ

메이크업 기초 이론

1. 메이크업의 이해
2. 메이크업 역사

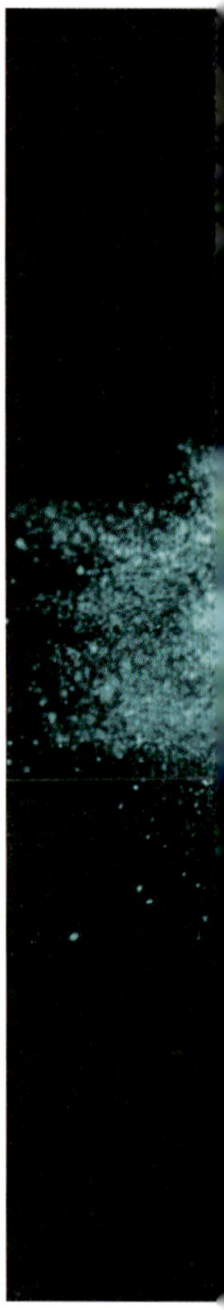

B a s i c

Make-up

CHAPTER 1 메이크업의 이해

1 메이크업 정의

메이크업Make-up이란 사전적인 의미로는 '제작하다', '완성하다', '보완하다'라는 뜻을 지니고 있는 용어로, 현대적인 통용 의미는 '육체를 표면적으로 변형하는 것' 즉 '사람의 얼굴이나 신체를 미화하는 장신 수단의 의미', '화장품과 도구를 사용하여 얼굴 또는 신체의 결점을 수정 · 보완하고, 신체의 아름다운 부분을 돋보이게 하여 외적 아름다움을 물리적으로 표현하는 것'으로 설명할 수 있다.

1. 메이크업 어원

우리나라에서는 화장化粧, 서양에서는 메이크업Make-up, 토일렛Toilet, 코스메틱Cosmetic, 페인팅Painting 또는 프랑스어로 마뀌아쥬Maquillage등 다양한 용어로 사용한다.

메이크업Make-up언어는 17세기 초 리차드 크라슈Richard Crashou에 의해 "여성의 매력을 높여주는 행위"라는 뜻으로 처음 사용하였으며, 20세기 미국의 분장사인 맥스 팩터Max Facotr에 의해 대중화되었다. 토일렛Toilet은 프랑스어의 투알렛Toilette, 작은 천에서 유래되었으며, 메이크업을 포함한 '치장'에서 오늘날의 화장실을 뜻하는 단어로 정착되었다. 코스메틱Cosmetic의 어원은 그리스어인 'Cosmeticos코스메티코스'에서 유래된 것으로 '보기 좋게 정리하다', '감싸다'라는 뜻이다. 페인팅Painting은 16세기 셰익스피어의 희곡에 페인팅이라는 용어가 등장하였으며, 그 시대의 의미로는 짙은 화장을 가리킨다. 화장도구는 페인트Paint라고 칭하였다.

2. 메이크업 목적

인간은 누구나 아름다움에 대한 동경과 미를 추구하고자하는 본능을 가지고 있다. 고대의 메이크업 목적은 이성에게 성적매력을 표현하고자하는 본능적 목적, 같은 종족임을 표시하는 수단으로 사용하는 실용적 목적, 종교적인 의미로서 신에게 예를 표하는 신앙적인 목적, 특별한 상황신분, 계급, 미혼, 기혼 등을 표시하고자 하는 목적 등으로 이용되었다.

그러나 현대의 메이크업은 과학의 발달과 미용 학문적인 발전, 개인의 개성을 중시하는 문화 등의 영향을 받으면서, 자신의 결점을 보완하고 장점을 부각시켜주는 자기표현의 목적과 자기연출, 자기만족, 사회적 에티켓, 개성 창출, 자외선과 유해 환경으로부터의 피부보호, 피부노화방지 등을 위한 목적으로 이용되고 있다.

2 메이크업 기원 및 기능

1. 메이크업 기원

메이크업 기원은 인류의 역사와 함께 시작되었다. 최초의 메이크업에 대한 기록은 고대 이집트시대로, 고대 메이크업은 신체에 동물의 기름을 발라 추위에서 자신을 보호하고, 집단의 위엄과 권위, 그리고 신분표시와 종교적인 의식행사에 이용되었다. 또한 의복이 발달되지 못했던 시기에 신체를 아름답게 가꾸고자 하는 하나의 수단이기도 하였다.

① 장식설

인간은 본능적으로 아름답고 우월해 보이려고 하는 생태적 욕구를 가지고 있다. 원시시대부터 자연에서 얻은 염료로 꽃이나 동물 문양 등을 문신으로 새긴 행위가 오늘날 메이크업의 시초였다고 추정한다.

인간은 신체의 아름다운 부분은 과시하며 돋보이도록 하고, 약점은 수정이나 위장하여 타인에게 약점조차 아름답게 꾸며 장점으로 보이고자 노력을 하였다. 또한 원시시대 전투에서 승리한 투사가 부족에게로 돌아갔을 때 신체에 남아있는 상처와 얼룩진 피가 강인한 용맹과 존경의 상징이 되면서 이후 지도자들은 자연스럽게 신체 표식을 통해 자신을 과시하고 장식하고자 하는 욕망을 표현하게 된다. 그 외에도 다양한 색의 진흙, 깃털, 나뭇잎 등으로 장식하여 자신들의 강인함을 표시하고자 하였다.

그림 1-1 인도 케릴라의 족장, 최고지도자의 장식과 분장하는 아프리카 원주민

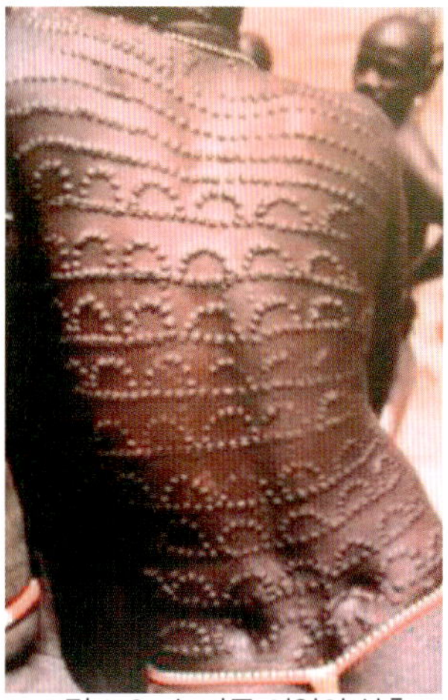
그림 1-2 누바족 여인의 상흔

② 이성 유인설

인간은 본능적으로 이성에게 매력적으로 보이고 싶어 하는 욕구를 지니고 있으며, 이를 표출하는 수단으로 얼굴이나 신체를 가꾸는 행위를 하였다고 보는 설이다.

아름다움을 가꾸기 위한 미용술이 이성이나 다른 사람의 관심을 끌기 위해 시작됐다는 학설로써 진화론을 주장한 찰스다윈Chales R. Darwin은 동물은 암수의 관심을 끌기 위해 울음소리를 수단으로 하는데 비해 인간은 메이크업이나 몸치장을 수단으로 하여 이성의 주의를 끈다."라고 하였다.

인류 문화는 식생활 문화와 성性 문화가 동시에 발전되었는데, 이와 함께 아름다움을 위한 미용 문화도 같이 발전되었다.

③ 보호설위장설

인간이 자기 자신을 어떤 종류의 위험으로부터 보호하고, 주변 환경으로부터 자기 자신을 위장하기 위한 치장이 신체보호 수단으로 발전하였다고 보는 학설이다. 즉 신체 보호설은 인간 자신이 신체를 자연의 기후와 환경, 곤충이나 동물 또는 적으로부터 보호하기 위해 주변에서 쉽게 얻을 수 있는 흙이나 재, 돌가루, 자연 염료 등과 나뭇잎, 새의 깃털과 동물 뼈와 같은 재료를 이용하여 카멜레온처럼 보호색으로 변화하여 위험으로부터 자신을 지켰다고 보는 학설이다.

옷을 입기 시작한 것 역시 환경에 약한 신체를 보호하기 위해 시작되었으며, 지금은 멋을 내기 위한 패션으로 발전되었다는 점에서 복식과 화장은 일맥상통 하다고 볼 수 있다.

그림 1-3 위장한 신체

④ 종교설

인류 문화에는 자연과 보이지 않는 초자연적인 힘에 대한 존재를 믿어 왔다. 하늘이 주는 재앙을 없애고, 복을 구하는 제사의식으로 절대 권력자에게 기원하는 원시 종교가 모태이다.

나약한 자신의 불안감을 해소하고, 초자연적인 힘의 절대자에게 제를 올리기 위해서는 온갖 정성을 다해서 제사를 올렸는데 주술적, 종교적인 행위로 일상과는 다르게 몸에 채색을 하거나 향나무 잎의 즙을 몸에 바르고 제단에 향을 피웠다. 이는 권력이나 명예, 부의 의례적 상징이 절대자의 손에 의해 결정된다고 여겼던 인류가 가진 불안감의 해소에서 기인한다고 볼 수 있다.

그림 1-4

구석기시대 말에 붉은 색의 안료를 피부에 바르는 행위는 수렵활동을 할 때, 자연의 재해를 방지하고 복을 불러들이길 기원하는 주술과 같은 것이라고 추정한다.

기원전 3200년경의 벽화와 유물을 통해 보면, 이집트 종교의식에서 백납을 이용하여 얼굴을 착색하고 검은색과 파란색의 아이섀도를 사용한 흔적을 볼 수 있다. 초기에는 공작석가루로 녹색 테를 그렸으며, 후기에는 검정색으로 굵은 테를 그렸다. 때로는 이마와 가슴의 혈관에 청색을 그려서 제사 의식을 위해 몸단장을 했던 것으로 추정할 수 있다.

⑤ 신분 표시설

신분 표시설은 집단 안에서 한 개인의 지위, 계급, 성별, 직업, 기혼과 미혼 등을 구분하는 표시로 사용되었으며, 이러한 행위가 메이크업의 기원이 되었다고 보는 학설이다. 아프리카 부족들 사이에서 행해지는 문신, 코걸이, 특이한 헤어장식이나 목걸이, 팔찌, 식물성 색소에서 얻은 염료로 칠한 바디페인팅 등은 절대적 권력의 족장 신분을 표시하거나 구성원들의 계급표시, 각 종족들 간의 구분을 위한 표시로서 사용되었다.

2. 메이크업 기능

- 미적 기능: 메이크업으로 외형의 아름다움을 만들어 준다.
- 사회적 기능: 메이크업으로 개인의 지위, 직업, 신분, 역할을 표시한다.
- 심리적 기능: 메이크업을 통해 개인의 사고방식, 가치, 심리 상태가 나타난다.
- 보호 기능: 메이크업으로 외부 환경으로부터 피부를 보호한다.

1 한국 메이크업의 역사

1. 고조선 시대

단군신화에 의하면 환웅이 곰과 호랑이에게 백일동안 햇빛을 보지 않고 쑥과 마늘을 먹게 한 기록을 살펴보면, 희고 고운 피부는 고대 시대에도 귀인으로 여겨졌음을 알 수 있다.

- 피부의 미백 효과를 위해 쑥을 달인 물에 목욕을 하였다고 하는 기록과 기미, 주근깨, 잡티 제거와 미백을 위해 마늘을 찧어 꿀과 함께 얼굴에 발랐다는 기록이 있다. 이러한 기록을 보았을 때, 고대에도 희고 고운 피부가 선호되었음을 알 수 있다.
- 낙랑시대의 인물상을 살펴보면, 머리가 정돈되어 있고 이마를 넓히기 위해 머리털을 뽑았다는 기록과 눈썹을 굵고 진하게 그렸다고 한다. [그림1-5]
- 읍루인은 겨울에 돼지기름을 발라 피부를 부드럽게 하여 동상을 예방하였으며, 말갈인은 오줌으로 세수를 하여 피부미백을 하였다고 전해진다.
- 변한인은 신에 대한 숭배와 종족을 표시하기 위해 몸에 문신을 새기는 풍습이 있었다.

그림 1-5 **채화칠협** – 정돈된 머리, 넓은 이마는 머리카락을 뽑은 흔적으로 추측

2. 삼국 시대

(1) 고구려

그림 1-6 수산리(뺨과 입술의 연지화장) 고분벽화

고구려는 지역적 특성 상, 중국이나 아라비아, 인도 등과 가까워서 외국의 문명과 화장술, 미용술도 빠르게 받아들였다.

이 시기, 고구려의 화장술은 매우 화려했던 것으로 기록되어 있다.

- **평안도 수산리 고분벽화:** 귀부인이 머리에 관을 쓰고 뺨과 입술에 연지화장을 하고 있다. [그림1-6]
- **쌍영총 고분벽화:** 여관 혹은 시녀로 보이는 여인들이 연지화장을 하고 있다. [그림1-7]
- 눈썹을 짧고 둥글며 뭉툭하게 다듬고 검은색 안료인 미묵과 족집게로 눈썹화장을 하였다. 이마와 뺨에 붉고 둥글게 칠하고, 입술도 연지로 화장을 하였다.

그림 1-7 쌍용총(여관이나 시녀의 연지화장)

(2) 백제

백제는 평야지대에 일찍이 정착하여 축적한 경제적인 부를 바탕으로 높은 수준의 문화를 창조하였다.

- 중국 문헌에 '시분무주施粉無朱, 분은 바르되 연지는 바르지 않았다'라고 기록되어 있어, 은은하고 담백한 화장을 즐겼음을 알 수 있다.

- 일본문헌에는 백제로부터 화장 및 화장품 제조기술에 익혀 비로소 화장을 하였다는 기록을 보아 화장기술과 화장품의 제조기술의 수준이 높았음을 알 수 있다.

(3) 신라

신라는 흥덕왕 시기 '복식금제'를 내릴 정도로 화려한 문물과 문화가 나타났던 시기였다.

신라의 부인들은 화려한 가체를 사용하였으며, 이 시기에 사용한 가체의 품질이 우수하여 중국에 수출도 하였다.

- 영육일치靈肉一致사상의 영향으로 남·녀 모두 미美에 대한 관심이 높았다.
- 백색 피부를 선호하여 백분과 같은 화장품이 대중화되었다.
- 통일 이전에는 영육일치사상아름다운 육체에 아름다운 정신이 깃든다으로 화장을 엷게 하였다.
- 통일 이후 중국의 영향으로 화장이 화려해진다. 얼굴에는 분꽃 씨의 가루나 활석가루 등으로 분을 만들어 물에 개어 발랐으며, 눈썹은 나무 재를 물에 섞어 그렸다.

3. 고려 시대

그림 1-8 수산리(뺨과 입술의 연지화장) 고분벽화

고려시대에는 신라의 화장술을 그대로 계승하였다. 외형상 사치스럽고 내면적으로 탐미주의 색채가 농후하였다. 또한 고려도경에 따르며 불교를 신봉하고 영육일치사상의 영향으로 깨끗한 몸과 마음을 중시하여 하루에도 몇 번씩 목욕을 하였다는 기록이 있다.

- 신분과 직업에 따른 이분화 된 화장법으로 분대화장과 비분대화장이 구별되었다.
- 분대화장짙은 화장은 기생, 궁녀 등 직업여성 중심의 화장으로 분을 바르고 눈썹을 가늘게 다듬어 또렷하게 그렸고, 뺨에는 연지를 바르고 나들이 할 때는 향낭을 지니고 다녔다.
- 비분대화장엷은 화장은 여염집 여성들의 화장법으로 분은 바르되 연지는 바르지 않고 눈썹은 굵게 그렸다.

4. 조선 시대

그림 1-9 하연부인상과 미인도 (신윤복)

유교사상의 영향으로 외적인 아름다움보다는 내적인 아름다움을 중요시 하여 화장을 금지하는 명을 여러 번 내리기도 하였다. 흰 피부와 단정한 몸가짐을 미인의 기준으로 삼으면서 단아함을 강조했다.

- 가부장제 하에서 이중적인 성윤리관이 화장 문화에 영향을 주었다.
- 여염집 여성의 화장과 기생신분 여성의 화장이 구분되었다.
- 화장을 진하게 해 억지로 꾸민 얼굴을 야용이라 하여 천하게 여겼다.
- 화장의 세분화로 평상시 화장과 혼인, 외출, 연회 시의 화장이 구분되었다.
- 화장품 제조 기술이 발달하였다.

표 1-1 조선시대 화장의 어휘

담장淡粧	피부를 희고 깨끗하게 정리하는 자연스러운 화장
염장艶粧	진한 색채화장
농장濃粧	담장보다 짙고 염장보다 옅은 화장
응장凝粧	혼례 때 하는 신부 화장
성장盛粧	야하거나 화려한 화장
야용冶容	억지로 아름답게 얼굴을 변형시키는 변장 수준의 화장

5. 근대 개화기

화장이라는 의미가 개화기 이전에는 '단장'이란 단어로 통용되어 왔지만, 서양의 새로운 문물이 받아들여지면서 '화장'이라는 단어로 사용되기 시작했다.

- 서구 화장품과 화장법이 도입되었다. 색깔이 진한 입술과 연지를 발랐다.
- 신여성, 기생, 영화배우들 사이에 진한 메이크업이 유행하였다.
- 여염집 여인들은 신여성과는 달리 진한 화장을 기피하였다.
- 1915년에는 '박가분朴家粉'이라는 화장품이 처음으로 만들어졌다.
- 1922년에 '박가분'이 정식적으로 제조허가를 받았다.

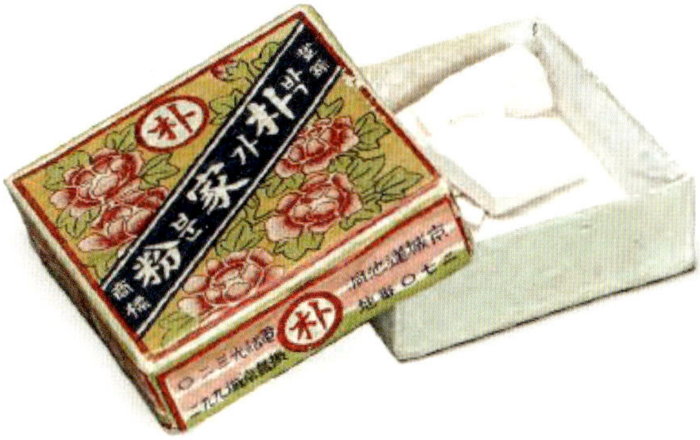

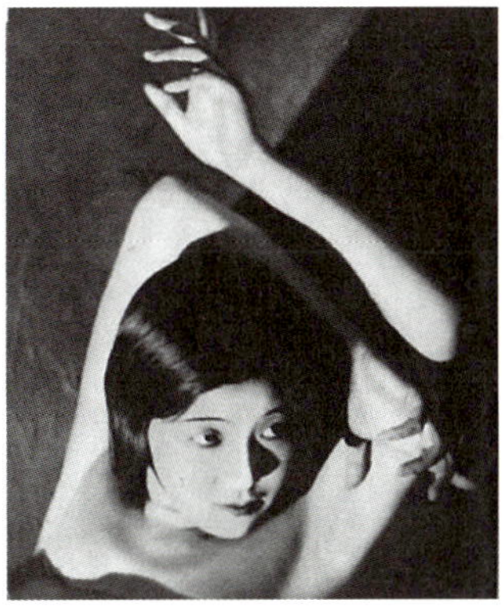

그림 1-10 박가분(1922년)과 최승희(현대무용수)

6. 현대

1945년 광복을 계기로 한국화장품산업이 전환기를 맞이하게 된다. 1960년대 이후 화장품산업이 본격화 되면서, 메이크업이 다양하게 발전되었다.

표 1-2 현대 메이크업 발전사

1940년대	• 현대식 화장법 도입, 해방 이후 서양문물이 대거 유입, 화장품 산업의 전환기 • 1948년 미용사 자격시험이 제정되어 본격적인 미용업이 시작
1950년대	• 전쟁으로 미군을 통해 수입 및 밀수 화장품이 급속히 퍼짐. • '오드리 햅번', '마릴린 먼로' 등 서양 영화배우의 화장법 유행
1960년대	• 국산 화장품 보호정책이 시행되면서, 국산 화장품의 생산이 본격화됨 • 아이섀도, 입술연지 등 다양한 화장품의 등장과 색채화장이 시작됨
1970년대	• 여성들의 사회 진출로 메이크업이 보편화되고 대중화됨 • 색조 화장이 발달하고, 방문 판매의 인기가 높아짐 • 화장 산업이 발달 • 투명한 피부 화장과 긴 눈썹, 핑크와 보라색의 아이섀도 유행 • 깊은 눈매, 볼연지 화장으로 여성미 강조
1980년대	• 컬러TV방송으로 색조화장이 유행 • 디스코의 영향으로 펄이 들어간 메이크업 유행 • 에콜로지 경향과 함께 자연스러운 메이크업이 부각됨
1990년대	• 유행보다는 개성을 존중하는 메이크업이 유행 • 기능성 화장품(미백, 주름개선)의 대중화
2000년대	• 다양한 질감과 컬러 제품 개발 • 화장을 하지 않은 듯한 '민낯' 이라는 단어가 등장함

2 서양 메이크업의 역사

1. 이집트 시대

화장에 대한 기록이 시작된 시기는 고대 이집트시대로, 기원전 7500년 전에 주술적인 목적으로 죽은 사람에게 향유와 방부제 등을 사용하여 영생을 빌었던 기록이 화장 문화의 시작이라고 볼 수 있다.

고대 이집트인들은 눈 가장자리를 검게 칠하고, 입술을 빨갛게 칠해 악마로부터 자신을 지키고자 하였다. 또한 보호의학적의 목적으로 고온 다습한 기후와 태양열로 인한 피부의 손상을 방지하기 위해 연고를 제조하고 눈 주위에 녹색을 칠해 강한 빛으로부터 눈을 보호하였거나, 벌레, 동물 등으로부터 위험을 막기 위해 진흙이나 특수한 물질을 몸에 도포하여 몸을 보호하였다.

B.C 1400년 이집트 중기왕조의 여왕인 네페르티티Nefertiti 여왕은 이집트의 화장을 예술의 경지까지 승화시켰고, 클레오파트라Cleopatra 시대에는 절정에 이르렀다. 이 시기에 정교한 분장이 발달하게 되고, 향유를 사용해 강렬한 태양으로부터 피부를 보호하였다.

- 서양 고대미용의 발상지이며, 최초로 화장품을 사용한 기록이 있다. .
- 고대 이집트인은 백인계의 아프리카인으로 토종 흑인과 비교하여 밝은 피부색을 지닌 다갈색의 피부이다.
- 고대 이집트의 눈 화장은 강렬한 햇빛 반사를 막고, 해충으로부터 눈병을 예방하기 위한 목적으로 시작되었다. 이후, 눈 화장은 보호와 장식의 효과는 물론 미적효과를 위한 목적으로 사용되었다. 눈에 사용한 재료는 녹청색을 띤 광물질인 말라카이트Malachite, 공작석에서 얻은 안료와 코올Kohl과 같은 제품으로 눈 주위를 꾸며 눈을 강조하였다. 특히 코올을 이용하여 눈 형태를 중심으로 물고기 모양으로 그렸으며 검정색 라인을 강조하였다. 눈썹은 아래로 처진 갈매기 형태로 그렸으며 매우 진하게 표현하였다.
- 볼 화장은 붉은 진흙의 고운 가루를 사용한 것으로 기록되어 있으나, 볼 화장에 크게 치중하지 않았다.
- 입술화장은 볼 화장과 같이 강조되지 않았고, 네페르티티 왕비 동상이나 벽화 등에서는 브라운 색상이 사용된 기록이 나온다.

- 그 외에 손톱, 손바닥, 발바닥 등을 헤나의 적갈색으로 물들이기도 하였으며 가슴과 관자놀이의 혈관을 푸르게 강조하는 화장법도 유행을 하였다. 검정색이나 진청색, 황금색의 가발도 많이 사용되었다.
- 볼과 입술을 헤나Hena나 꽃잎을 으깨 붉게 표현하였다.

그림 1-11 **네페르티티**(파라오 아크나톤의 왕비)와 **하셰프수트**(이집트의 여왕)

2. 그리스 시대

고대 그리스 초기에는 인간이 지닌 인체미를 존중하고 조화와 균형을 바탕으로 건강한 아름다움을 최고의 아름다움으로 생각하였다.

화장품과 화장에 대한 연구 및 처방이 학문적 원리에 기초를 둔 의학과 과학의 시기로서 히포크라테스는 피부병을 연구하여 식이요법, 마사지, 햇빛, 목욕 등이 피부를 건강하게 유지하는 데 도움을 준다고 주장하여 현대 미용에 기여한 바가 크다.

코스메틱스Cosmetics라는 말의 어원은 그리스어의 '치장하다'라는 의미로 코스메티코스Kosmeticos에서 유래되었고, 의학적인 보호수단으로써의 화장술을 의미했다. 코모티케 테크네는 과도한 장식적인 화장술을 의미한다.

고대 그리스인들은 하얀 피부를 선호하여 얼굴에 백납 분을 발라 하얗게 보이도록 꾸몄으며, 입술은 붉게 표현하고 블러셔는 생기 있게 표현하였다.

고대 그리스가 기울어가던 시기에는 비밀리에 화장품이 제조되었고, 하층계급 여인들도 과감한 화장을 즐겨하였다.

3. 로마 시대

그림 1-12 Athemis 여신의 두상(기원전 550년경)

고대 로마인들은 매끄러운 피부를 위해 밀기울 등을 사용하여 목욕하거나, 흰 피부를 위해 백납 분을 바르기도 하였다. 눈과 눈썹을 강조하기 위해 검정 코올을 사용하였으며, 뺨과 입술을 붉게 표현하였다.

의사 가렌Garen, AD130~200은 콜드크림의 원형인 연고Creatum refrigerans를 제조하였다.

- **피부 표현**: 고대 그리스와 로마의 여성들은 흰 피부를 선호하여 납 성분으로 된 백분을 피부에 발라 얼굴색이 희게 보이도록 하였다. 백납으로 만들어진 분은 피부와 건강에 폐해를 주었으나, 흰 피부에 대한 열망을 버리지 못하였다.
- **눈 표현**: 눈은 코올로 아이라인을 강조하여 표현하였는데, 특히 눈의 위 라인만을 강조하는 경우가 많았다. 아이섀도Eye shadow의 색상은 적갈색, 녹색, 회색이 주로 사용되었고, 아이브로우Eye brow는 블랙 코올로 선명하게 강조하여 검정색을 띄었고, 양 눈썹을 가깝게 그렸다. 코는 명암을 넣어 윤곽이 또렷하게 보였는데, 이마와 연결된 긴 코로 표현하는 것이 고대 그리스·로마 시대의 메이크업 특징이다.
- **입술·볼 표현**: 식물성 염료나 적토를 추출하여 입술과 볼에 홍조 빛으로 붉게 칠했다. 벽화에 사용된 주요 색상을 살펴보면, 적색, 적갈색, 레디쉬 마젠타Reddish Magenta 등이다. 볼 화장은 관골을 중심으로 둥글게 볼 부분을 굴려서 표현하였다.
- **기타**: 고대 이집트에서 전래된 화장으로 얼굴과 손바닥 뿐 만 아니라 유두에도 붉은색의 고운가루를 발랐으며, 엉덩이에도 흰색, 붉은색의 가루를 발랐고, 머리색은 갈색이나 검정보다는 금발을 더 선호하였다.

4. 중세 시대(4~15세기)

중세를 '암흑시대Dark Age'라고 말하는데 이는 종교가 일상생활에 절대적인 영향을 미쳤던 시대로 '신을 위한 시대'였다. 유럽사회는 기독교사상으로 일반여성들에게 오직 순결과 정숙만을 강요했으며, 기독교가 세력을 지배하여 화장이 발전하지 못하였다.

- 기독교의 금욕주의 영향으로 화장을 경시하였다.
- 여성의 지나친 몸치장과 화장은 금기시 여겨졌으며, 순결과 정숙을 강요당했다.

- 귀족여성들은 유령처럼 창백한 피부를 원해서 일부러 피를 뽑거나 물에 녹는 염료를 얼굴에 칠해 피부색이 하얗게 보이게 하였다.
- 후반기에 들어서면서, 여성들은 순수하고 여린 얼굴로 보이기 위해 눈썹과 이마의 머리카락을 모두 뽑거나 밀어서 넓은 이마가 드러나도록 하였다. 특히 눈썹은 가늘게 보이게 하거나 아예 밀어버리는 화장형태가 유행을 하였다.
- 얼굴을 하얗게 하고, 입술은 작은 꽃모양 형태의 장밋빛을 선호하였다. 볼은 약간 발갛게 표현하는 정도로 가벼운 화장을 하였다.

그림 1-13　여성의 헤어스타일

5. 르네상스 시대(Renaissance, 16세기)

르네상스시대는 인본주의 이념에 의한 인간성 존중의 시대로서 인간생활과 문화의 풍성한 변화 시기인 문예부흥기이다. 예술의 발전, 종교개혁, 자본주의의 출현 등이 이루어지면서 점차 개인주의와 향락주의 풍조가 만연하게 된다.

넓은 이마와 흰 피부를 선호하고, 진한 화장이 등장하게 되면서 화장 문화도 다시 화려하게 번성하게 된다.

이 시기에 가장 유명한 패션의 아이콘은 영국 여왕 엘리자베스 1세였다.

- **피부 표현**: 패션 리더로서 큰 영향력을 행사한 영국 엘리자베스 1세1558~1603 여왕은 얼굴에 수은이 들어간 로션으로 얼굴을 정돈하고, 달걀 흰자로 윤을 내었으며 납과 식초를 혼합한 분을 발라 일시적으로 창백한 흰색의 피부를 강조하였다. 또한 관자놀이 부근에 푸른색의 핏줄도 인위적으로 그려 넣어 투명하게 비추어 보이는 흰 피부를 두드러지게 하였다. 그녀의 창백할 만큼 흰 피부는 곱슬곱슬한 빨간 머리와 강한 대조를 보이며 강한 인상을 주었다. 이 시기 사용한 백납 분은 일시적으로 얼굴이 희게 보이는 효과가 있었지만, 피부를 심하게 훼손시키는 결과를 초래하였다.

- **눈 표현**: 눈썹은 뽑아 없앰으로써 이마를 더 넓게 보이도록 하는 것이 그 시대의 미美의 전형이었다. 또한 얼굴 주변의 헤어도 제거하여 이마가 넓어 보이도록 하였다.
- **입술·볼 표현**: 뺨과 입술에만 가볍게 색조 화장을 하여 용모의 섬세함을 강조하였다. 입술은 작게 표현하여 어린아이와 같은 순수한 이미지가 연출되도록 하였다. 입술은 장미 꽃봉오리와 같은 곡선 이미지를 연상시키는 로즈버드rosebud 형태로 입술 선의 굴곡이 인커브In curve보다 심하며, 구각이 약간 뾰족한 것이 특징이다. 색채는 코럴coral과 오렌지orange계열의 색상이 사용되었다.
- 기타 : 과장된 의복 형태와 장식이 사용되었고, 화장품은 상류층에서 과도하게 사용하였다.

그림 1-14 르네상스 화장형태와 엘리자베스 1세 여왕

6. 바로크 시대(Baroque, 17세기)

바로크는 '일그러진 진주'라는 뜻을 의미하며, 조화와 균형이 파괴된 열정적이고 감각적인 시대였다. 귀족들의 향락문화가 만연하여 미적 욕구가 높아지면서, 몸치장이 생활의 중요한 일부가 되었고, 과장되며 인위적인 장식성으로 쾌락과 사치를 추구하였다. 또한 몸을 자주 씻는 것이 건강에 좋지 않다고 여겨 목욕을 기피함으로 몸 냄새를 감추기 위한 방법으로 강한 향수를 사용하였다.

- 남성과 여성 모두 과도한 화장스테이지 메이크업과 장식을 하였다.
- 진한 화장으로 백납으로 만든 인형처럼 보이게 하였다.
- 17세기 후반, 클렌징크림이 등장하였다.
- **피부 표현**: 화이트나 포세린 컬러로 얼굴, 귀, 목까지 펼치고 화이트 파우더로 파우더링 하였다.
- **눈 표현**: 눈썹은 초생달과 같은 라운드 형태가 되도록 하며, 본래 눈썹보다 약간 위에 위치하도록 그렸으며, 색상은 진하지 않은 브라운 색상이 사용되었

다. 아이섀도는 카멜, 브라운 색상을 사용하였고, 눈 주변을 둥글게 감싼 것과 같은 아이 메이크업으로 둥근 눈매를 연출한다.

아이라인은 케이크 타입이나 리퀴드 타입을 사용하였고, 눈매가 동그랗게 보이도록 아이라인의 중심부를 굵게 그렸다. 그 외에 얼굴의 결점을 감추고 더 하얗게 돋보이기 위해 뷰티 패치beauty patch를 사용하였는데, 원, 초생달, 별, 마차 등의 형태를 그리거나 벨벳 천으로 오려 붙였다. 뷰티 패치를 붙일 때는 궁정용 고약인 호박단을 이용하여 이마, 관자놀이, 입술, 가슴 등의 피부에 부착하였다.

- **입술 표현**: 장미 꽃봉오리 같은 입술 형태인 로즈버드 형태rosebud shape를 선호하였으며, 색상은 오렌지, 산호 빛을 사용하였다.
- **볼 표현**: 피부의 손상을 가리기 위해 핑크, 오렌지 컬러를 사용하여 관골과 약간 낮은 볼의 넓은 부위를 둥글게 표현하였다.

그림 1-15　17세기 여성의 화장

그림 1-16　머리장식과 패치(점)

7. 로코코 시대(Rococo, 18세기)

로코코는 '정원의 장식용 조개껍데기나 장식용의 조그만 돌'이라는 의미를 지니고 있다. 로코코 시대는 감각적이고 우아하며 여성적인 인공미가 특색이었다. 이 시대는 살롱 문화가 발달하여 실내에서 귀족의 향락적 파티가 만연하였는데 복식과 실내장식에 이르기까지 꽃, 리본, 진주, 레이스 장식 등을 과다하게 꾸민 스타일이 유행을 하였다.

- 화장품이 발달하였고, 납과 수은이 첨가된 화장품을 제한 없이 사용하였다.
- 볼록한 뺨을 연출하기 위해 '플럼퍼'를 사용하였다.
- 얼굴에 잡티상처를 가리기 위해 옷감이나 가죽의 작은 조각을 이용한 '뷰티패치'를 붙였다.
- **피부 표현**: 17세기에 이어 18세기에도 창백한 피부표현을 위해 백분을 발랐다.
- **눈 표현**: 진하지 않은 둥근 눈썹과 둥근 눈매 표현이 유행하였다. 눈빛을 촉촉하게 보이도록 히기 위해 벨리도나Belladonna라는 식물의 즙을 눈에 넣어 동공을 확장시키기도 하였다.
- **입술 표현**: 입술도 장미 꽃봉오리 같은 입술 형태에 이가 빠져 뺨이 들어간 부분에는 플럼퍼plumper를 입에 물어서 뺨을 통통하게 만들었다.
- **볼 표현**: 백납분 사용과 계속되는 밤낮의 연회로 인한 피부의 손상을 가리기 위해 관골 아래쪽 볼의 넓은 부위를 둥글게 표현하였다. 이 시대에는 남성들도 백납분과 연지를 사용하고 뺨에는 패치를 붙였다.

그림 1-17 로코코 시대의 여성 메이크업

8. 근대 시대(19세기)

1789년 프랑스 대혁명 이후 고전주의 영향으로 인간 본연의 아름다움, 자연스러운 모습을 갈망하게 되면서 연지를 바르는 화장법이 쇠퇴하기 시작하였다.

- 19세기에 이르러 화장은 여성들만 하는 것으로 인식되기 시작했다.
- 흰 피부를 선호하여 미용 팩과 필링이 유행하였으며, 쌀가루로 만든 분도 사용하였다. 1866년 산화아연의 등장으로 백납 분은 역사에서 자취를 감추게 되었다.
- 눈 표현: 큰 눈으로 보이게 하는 화장법이 유행하였고, 눈썹은 둥근 아치형이 유행하였다.
- 입술 표현: 로즈버드 입술 형태에 엷은 브라운 색상이나 오렌지, 엷은 핑크색이 사용되었다.
- 볼 표현: 건강하게 보이는 불그레한 뺨 표현으로, 엷고 자연스럽게 표현하였다. 색상은 로즈핑크rose pink, 버밀리온vermilion 등을 사용하였다.
- 기타: 남성의 콧수염과 턱수염이 유행을 하였다.

그림 1-18 The Princess of Broglie (1853)와 궁의 부인들에게 둘러쌓인 유제니 황후(1855)

3 현대 메이크업의 역사

1. 1900년대

1900년대는 르네상스 이래로 인간적이고 정서가 풍부한 시대로 불린다. '물랑루즈'를 시작으로 카바레, 댄스 홀, 술집 등이 줄줄이 등장하는 나이트 라이프Night life가 번성한 시기이다. 극장의 성행으로 무대에 등장하는 배우들의 무대분장과 사용하는 메이크업 제품이 발전하였고, 이 시대 일반 여성들은 배우들의 메이크업에 많은 영향을 받았다.

- 1905년 폰즈Pond's에서 화장품과 약품을 대대적으로 팔기 시작했다.
- 1909년 러시아 발레단의 파리 공연을 계기로 동양풍의 메이크업이 붐을 이루게 된다. 아라비아풍의 짙은 눈썹과 아이라인이 유행을 하였고 황금색과 밝고 강렬한 색상의 눈 화장, 자주색의 붉은 입술 등으로 동양의 신비로움을 나타냈다.
- 화장의 색채가 풍부해졌으며, 이 시기에 밝은 색상이 인기를 끌었다.
- 화장이 일반대중으로 확산 되었다.
- 메이크업의 특징은 매우 희고 투명한 피부표현과 눈의 윤곽이 잘 드러나 보이는 진한 눈썹이었다. 어린 아이 같은 둥근 눈동자가 부각되도록 아이라이너와 아이섀도를 사용하였으며, 진한 눈매 표현을 위해 마스카라를 사용하였다. 입술은 작은 입술rosebud을 선호하였고, 붉은 계열의 루즈를 발랐다.

그림 1-19 보그(1907년 2월호)표지, 페미나(1908년) 잡지, 눈썹 화장을하는 여성

2. 1910년대

1차 세계대전1914~1918년으로 인한 남자들의 빈자리를 메우기 위해 여성들은 사회로 진출하게 된다. 이로 인해 여성들의 지위는 크게 성장하게 되고, 여성으로서의 인권을 찾기 위해 여성해방운동에도 앞장서게 된다.

- 이 시대는 여성들이 집에서 직접 화장품을 만들어 사용하기도 했지만, 새롭게 만들어 출시되는 마스카라나 아이 펜슬, 아이섀도 등과 같은 화장품의 구매도 꾸준히 늘어나기 시작했다.
- 1차 세계 대전 이후 여성들의 사회 참여가 두드러졌다. 당시 화장은 여성의 신분을 표현하는 수단이 되기도 했는데, 짙은 화장은 부도덕한 여성이 하는 것으로 치부되었다.
- 이상적인 여성의 이미지는 소녀와 같은 모습, 성모마리아와 같은 순수하고 맑은 모습으로, 피부색은 인공적이지 않고 자연스러운 붉은 빛으로 표현하고, 건강미를 발산하였다.
- 무성 영화가 보급되었다.
- 초기 스크린 배우인 테다 바라Theda Bara, 1885~1955, 폴라 네그리Pola Negri, 1897~1987는 관능적인 매력을 표출하기 위해 코울과 마스카라로 신비롭고 그윽한 눈매를 연출하였다.

그림 1-20　뱀프 메이크업을 한 테다 바라

3. 1920년대

그림 1-21 글로리아 스완슨과 클라라 보우

1920년대는 1차 세계대전을 마치고 미래에 대한 꿈과 희망에 부풀어 있었던 반면, 전쟁의 공포로부터 벗어나고자하는 향락적인 풍토가 만연하였던 시기이다.

1927년에 유성영화의 상영이 시작되면서 미국의 영화산업은 더욱 발전하게 되고, 할리우드 배우들의 인기는 더욱 높아져 갔다.

- 영화의 본격적인 보급으로 대중 스타가 등장하였다.
- 피부 표현: 창백하고 새하얀 피부표현을 위해 흰색에 가까운 파운데이션을 사용한다. 빈틈없는 피부표현을 위해 스틱타입의 파운데이션을 선택하고, 투명 파우더 또는 흰색 파우더를 사용하였다.
- 눈썹: 눈썹을 가늘게 하기 위해 눈썹을 뽑거나 밀었으며, 눈썹 형태는 꼬리부분에서 아래로 처진 눈썹형태가 유행하였다.
- 눈 표현: 눈 주위에 강한 흑백 대비감을 표현하여, 눈의 깊이감을 강조하였다. 눈썹 뼈 부위에는 흰색 계열의 아이섀도를 이용해 펴 바르고, 아이 홀 안쪽은 회색, 검은색, 와인색 아이섀도를 잘 펴 발라준다. 아이라이너 펜슬을 사용하여 눈 안쪽의 가장자리 위쪽과 아래의 점막을 빈틈없이 메워주고, 눈꼬리 가장자리 부위는 둥그스름한 느낌이 들도록 검은 색의 아이섀도를 잘 펴준다. 이때 눈 아래에 검은색의 아이섀도가 떨어지지 않도록 조심한다. 아이래시컬러로 속눈썹의 컬을 만들어 주고 난 뒤, 마스카라로 마무리한다.
- 입술 표현: 입술은 실제 자신의 입술보다 얇고 작게 그려 벌에 쏘인 듯한 형태bee stung나 장미꽃 봉오리rosebud와 같은 형태로 표현하였다. 윗입술은 펜슬을 이용해서 활모양으로 입술 선을 따라 정교하게 그리고 아랫입술은 동그랗게 칠해준다. 색상은 검붉은 색상을 사용한다.
- 1920년대의 패션과 뷰티스타일을 참고할 만한 영화로는 '위대한 개츠비The Grreat Gatsby, 1974', '코튼클럽The Cotten Club, 1984', '벅시Bugsy, 1991', '시카고Chicago, 2002' 등이 있다.
- 이 시대의 여성 메이크업 패턴은 피부는 창백할 정도로 밝게 표현하고, 눈은 처지고 검고 어둡게 표현하며, 입술은 작고 동그란 붉은 색의 하트 모양을 연상케 하는 메이크업이다. 특히 입술을 '큐피트의 활', '장미봉우리'로 칭하였다.

4. 1930년대

전 세계적인 대공황1929~1939으로 경제가 어렵게 되자, 사회적 불안과 정치적 혼란이 지속되었다.

사람들은 현실의 어려움을 잊고자 영화에 빠져들었고, 영화산업은 전성기를 누리게 된다. 1930년대 후반 등장한 칼라 필름으로 배우들의 의상과 헤어 색상, 메이크업 등이 구체적으로 보이게 되면서 화장품 산업과 패션 산업에도 영향을 미치게 된다.

- 눈썹용 펜슬이 고안되었다. 처음에는 수술에 사용하는 펜슬이었으나, 이후 여성들의 펜슬로 사용된다.
- **피부 표현**: 대리석 조각같이 완벽하게 아름다운 피부표현을 위해 밝은 핑크빛이 감도는 케이크 타입의 파운데이션을 사용하였다. 얼굴의 입체감을 강조하기 위해 광대뼈 아래 부분에 음영을 주었고, 아래로 살짝 직선적인 느낌이 나도록 표현하였다.
- **눈썹**: 여성스러움을 강조하기 위해 눈썹 형태는 밝은 브라운 색상을 사용하고, 눈썹을 가늘게 보이기 위해 눈썹을 뽑아내고, 가늘고 둥근 아치형으로 볼륨감 있는 눈썹을 그렸다.
- **눈 표현**: 눈의 깊이감과 입체감을 부여하기 위해 갈색 아이섀도로 아이 홀을 강조하면서 음영감을 준다. 아이래쉬 컬러로 속눈썹을 올려 고정시키고, 풍성하고 볼륨감 있는 인조 속눈썹을 붙여 깊이 있는 눈매를 완성했다. 그 위에 다시 아이라인과 마스카라로 눈매를 마무리했다.
- **입술 표현**: 펜슬과 립스틱을 사용해서 큐피드 화살Cupid bow 형태로 윗입술 산을 살려 그려주었다. 색상은 밝은 레드계열을 발랐다.

그림 1-22 〈바람과 함께 사라지다〉 포스터, 그레타 가르보(Greta Garbo), 징거 로저스(Ginger Rogers)

그림 1-23　1930년대 맥스 팩터의 흑백 텔레비전 메이크업940년대

5. 1940년대

2차 세계대전1941~1945년이후, 경제적으로 빈곤해지면서 1930년대에 비해 보다 더 자연스러운 메이크업을 선호하였다. 눈썹의 형태가 지난 1930년대에 비해 두꺼워지고, 눈썹은 깔끔하게 뽑아서 자연스럽고 또렷한 아치형 눈썹형태를 유지하였다. 아이섀도보다는 인조속눈썹과 마스카라로 선명하게 눈매를 강조하였으며, 입술 색상은 부드럽고 엷게 표현하였다.

- 남성들을 대신해서 일터로 향해야 했던 여성들은 화장하는데 많은 시간을 할애 할 수 없었다.
- 밝은 색상의 아이섀도에 아이펜슬로 눈꼬리를 치켜 올려 강조하는 메이크업이 유행하였다.

그림 1-24　리타 헤이워드와 잉그리드 버그만 헤어스타일

6. 1950년대

경제적 풍요로움 속에서 자본주의의 급속한 발전은 기능주의에 따른 단순화, 기계화, 획일화를 초래하였다. 1950년대 이후의 화장품산업은 10대 청소년들의 등장으로 더욱 확대되었으며, 한층 더 우수한 기능적인 제품의 개발과 다양한 대상에 맞춰 차별화된 상품으로 소비자의 구매 욕구를 촉진하였다.

- 미국 할리우드 영향으로 '팬케익Pancake'이 등장, 컬러 TV 로 인해 색상에 대한 인식이 높아진다.
- 피부 표현: 입체적이면서도 다소 인위적인 조각같이 희고 밝은 피부표현을 위해 핑크빛이 감도는 파운데이션을 발라준다.
- 눈썹: 여성스러운 곡선 형태를 유지하면서도 인위적인 느낌이 강할 정도로 두껍고 또렷하게 그려준다.
- 눈 표현: 브라운 색상으로 아이 홀에 음영을 주고, 페일 블루, 회색이나 녹색 계열의 아이섀도를 그 위에 바른 뒤, 인조 속눈썹을 붙이고 액상 아이라이너로 눈꼬리를 치켜 올려 눈매를 강조한다.
- 입술 표현: 여성스러우면서도 풍만하고 또렷한 밝고 붉은 립스틱을 사용한다.
- 마릴린 먼로의 영향으로 입가의 애교점이 유행하였다.

그림 1-25 오드리 햅번 스타일

그림 1-26 마릴린 먼로

7. 1960년대

동서양의 냉전, 중동전, 베트남 전쟁 등, 크고 작은 전쟁의 소용돌이에 휘말려 정치적으로 격동기를 겪게 된다.

1960년대는 세계적으로 경제적여유가 생기면서 '베이비 붐' 세대가 펼쳐지게 되는데, 이후 이들은 그들만의 독특한 청년문화를 형성하면서 기성세대와는 차별화된 행동양식을 보이게 된다.

- 팝아트, 옵아트의 영향으로 화려한 색채에 기교와 장식이 더해진 메이크업이 유행하였다.
- 눈이 커 보이는데 주력하였고 인조 속눈썹을 붙이는 것이 유행하였다.
- 약간 핑크색이 들어 있는 파운데이션을 사용하였고, 눈썹을 두껍게 그리거나 밀어버렸다.
- 볼터치는 핑크빛이 도는 색으로 어린 아이와 같은 인상으로 표현하였다.
- 실험적인 판타지 메이크업이 등장하였고, 페이스페인팅과 바디페인팅도 이 시기에 유행을 하였다.

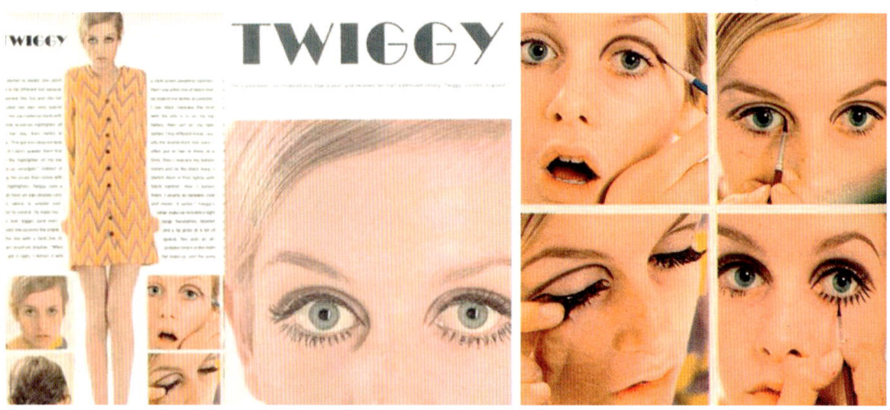

그림 2-27 트위기의 눈 화장법페이스 페인팅과 바디 페인팅

8. 1970년대

1970년대 여성은 개인적 삶을 중시하고, 개인주의적 성격이 강해지면서 페미니즘Feminism의 싹을 틔우기 시작하였다. 이상적인 여성상도 수동적인 여성이 아니라 자신의 일을 위해 열심히 활동하는 여성의 모습으로 변하였으며, '현대적 여성'의 이미지가 새롭게 부각되었다.

그림 1-28　페이스 페인팅과 바디 페인팅

- 건강에 대한 의식이 변화되기 시작하면서, 피부 보호 효과와 노화를 예방하고 지연시켜주는 기능성 화장품에 대해 관심이 높아졌다.
- 자연스러운 메이크업이 성행하였고, 광대뼈를 강조하기 위해 윤곽을 그리는 메이크업이 유행하였다.
- 펑크스타일, 접시스타일, 메탈 룩 스타일, 페미닌 스타일 등 다양한 스타일이 공존하였다.
- 패션 디자이너인 잔드라 로즈Zandra Rhodes의 영향으로 오리엔탈풍 메이크업에 영향을 주었다.
- 흑인 여성들을 위한 화장품이 개발되기 시작하였다.

그림 1-29　파라 포셋, 르네 루소 ,알리 맥그로우

9. 1980년대

1980년대는 세계적으로 낙관적인 문화가 성행하면서 무절제한 과소비가 행해지고, 물질만능주의에 빠진 사람들에 의해 빈부의 격차도 커지게 된다.

여성들의 사회적 지위가 향상되면서, 개인의 소득수준과 생활의 질이 높아지게 된다.

- 포스트모더니즘과 컬러TV의 등장으로 여성들의 화장은 더욱 개성화되고 다양화를 추구하게 된다.
- 전 세계적인 '디스코' 열풍으로 '펄'이 들어간 화려하고 다양한 컬러의 메이크업이 유행하였다. 황금, 노랑 펄을 눈에 바르고 볼터치도 펄이 있는 색을 사용하였다.
- 1980년대 후반에는 건강한 피부에 대한 관심이 높아졌다.

그림 1-30 1980년대 화장

10. 1990년대

1990년대는 세기말의 시기로, 현대 산업 사회는 정보화 사회로 이행되었다. 퍼스널 컴퓨터 사용이 보편화되고 정보 네트워크가 연결되어 세계가 하나 되는 글로벌 시대를 열게 되었다.

또한 10대들의 문화가 급속도로 발전하게 되면서, 그들만의 신세대 문화를 형성하게 된다.

1992년 리우환경회의가 개최되어 환경보호단체들의 환경에 대한 움직임이 진행되면서 본격적인 환경 운동인 에꼴로지Ecology가 등장하게 된다. 에콜로지에 대한 영향으로 뷰티분야에도 환경을 고려한 제품을 출시되고, 자연을 닮은 색감 등이 유행을 하게 된다.

- 에콜로지, 레트로 등의 다양한 영향으로 내추럴 메이크업이 유행하였다.
- 화장기술과 화장품이 발달하였으며, 메이크업은 일상생활에 없어서는 안 될 중요한 위치를 갖게 되었다.
- 세기말에 다양한 스타일이 공존하였으며, 20대 여성들 사이에 '누드 메이크업'이 유행했다.

그림 1-31 1990년대의 내추럴 화장

11. 2000년대

그림 1-32 사라 제시카 파커

21세기는 새로운 밀레니엄 시대의 개막으로 사회 · 문화 · 경제 발전과 함께 환경과 가치관의 변화, 과학기술의 발달로 자연주의 트렌드 분야가 급성장을 하게 된다. 건강한 삶을 지향하는 웰빙Well-being문화는 여성들의 화장품과 화장기법에 많은 영향을 주었다.

- 1910년에서 1990년대까지 유행되었던 화장기법들이 새롭게 재해석되면서 개성을 살린 자신만의 스타일로 새로운 트렌드를 형성하였다.
- IT산업의 발달로 어플리케이션을 활용한 동영상이 발달하게 되었고, 다양한 메이크업 기법을 알려주는 메이크업 문화가 확산되었다.
- 크업이 유행을 하였고, 얼굴에 촉촉함을 나타내는 물광 메이크업이나 피부를 태운 듯한 태닝 메이크업도 등장하였다.
- 최근에는 남성들 사이에서 반영구Permanent메이크업, 속눈썹 연장 등이 유행하고 있다.

그림 1-33 iPhone의 뷰티 앱

PART Ⅱ

메이크업 기초이해

1. 메이크업 도구와 제품의 기능 및 종류
2. 메이크업 재료의 기능및 종류
3. 메이크업 색채

B a s i c

M a k e - u p

CHAPTER 1 메이크업 도구와 제품의 기능 및 종류

1 메이크업 도구의 기능과 종류

(1) 퍼프Puff

- 파우더를 바를 때 사용하는 도구이다.
- 면, 벨벳, 합성섬유 등의 재질을 사용한다.

(2) 스펀지Sponge

- 메이크업 베이스나 파운데이션을 펴 바를 때 사용한다.

① 라텍스 스펀지latex sponge, 천연 생고무

② 합성 스펀지complex sponges, 합성 고무

③ 해면 스펀지natural sea sponge, 천연 성분

(3) 스파츌라Spatula

- 메이크업 제품을 덜어서 사용하거나 섞을 때 사용한다.

(4) 팔레트Palette

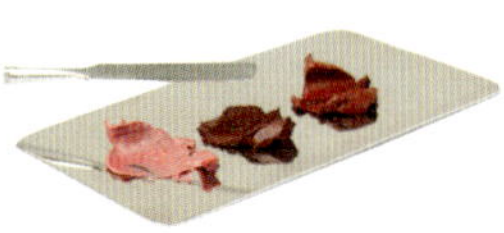

- 다양한 색상의 파운데이션이나 립을 덜어서 보관하거나 조색할 때 사용한다.

(5) 아이래쉬 컬러뷰러, Eyelash curlers

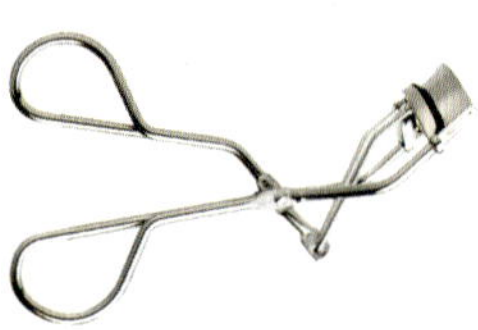

- 속눈썹을 자연스러운 곡선으로 올려 주는 컬링 효과를 줄 때 사용한다.

(6) 눈썹 가위Eye-brow scissors

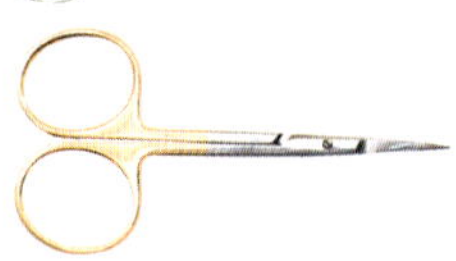

- 눈썹의 길이나 숱을 정리할 때 사용한다.

(7) 눈썹 칼Eye-brow knife

- 눈썹의 길이나 형태를 수정할 때 사용한다.

(8) 쪽집게Tweezer

- 불필요한 눈썹을 정리하거나, 인조 속눈썹을 붙일 때 사용한다.

(9) 면봉Cotton tip

- 메이크업을 부분적으로 수정할 때 사용한다.

(10) 소독제Disinfectant

- 메이크업 기구 및 도구를 소독할 때 사용한다.

(11) 헤어밴드hair band 및 헤어 핀hair pin

- 이마 부분으로 머리카락이 흘러내리는 것을 방지한다.

(12) 어깨보Cape

- 메이크업 제품의 잔여물이 고객의 의상에 묻는 것을 방지한다.

(13) 티슈Tissue

- 얼굴의 유분 제거 및 잔여물을 닦아 낼 때 사용한다.

(14) 화장 솜Make-up cotton

- 스킨을 적셔서 바를 때나 화장품이 묻거나 수정을 할 때 사용한다.

(15) 브러시Brush

- 파우더 처리와 볼 메이크업, 아이섀도, 립 표현을 할 때 사용하는 주요 도구로, 베이스부터 색조 메이크업에 이르기까지 메이크업을 수행하는 동안 사용되는 도구이다.
- 브러시는 부위별 사용하는 제품과 방법에 따라 브러시의 종류가 다르게 사용되므로, 효과적인 메이크업을 표현하기 위해서는 그에 맞는 브러시를 선택하여 사용하는 것이 좋다.

표 2-1 브러시 종류와 기능

종류	기능	도구
파운데이션 브러시 Foundation Brush	• 메이크업 베이스나 파운데이션을 펴 바를 때 사용 • 탄력 있는 합성 모 사용	
페이스 브러시 Face Brush	• 파우더를 바르거나 유분기를 제거할 때 사용 • 넓은 부위 사용에 적합	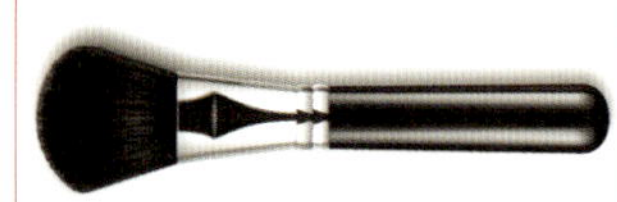
팬 브러시 Pan Brush	• 부채꼴 모양의 브러시 • 눈 밑의 남은 파우더 제거	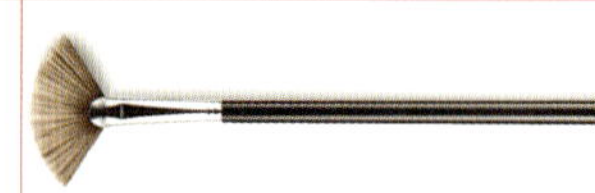
컨실러 브러시 Concealer Brush	• 눈 밑 다크 서클이나 점, 여드름 등과 같은 결점 커버에 사용 • 합성 모	
스크류 브러시/ 콘 브러시 Screw Brush	• 나선형 브러시 • 눈썹에 남은 파운데이션과 파우더를 털어 내는 데 사용 • 눈썹 형태를 수정할 때 사용 • 마스카라를 바를 때에도 사용	
사선 브러시 Diagonal Brush	• 눈썹에 색상을 입힐 때 사용 • 눈썹 형태와 색상을 정리할 때 사용	
아이섀도 베이스 브러시 Eye shadow base Brush	• 눈두덩 전체를 넓게 펴 바를 때 사용 • 브러시 끝이 납작하고 넓음	
아이섀도 그라데이션 브러시 Eye shadow gradation Brush	• 아이섀도 그라데이션에 사용	
아이섀도 포인트 브러시 Eye shadow point Brush	• 눈매에 포인트로 주고자 할 때 사용 • 폭이 좁고 모가 짧음	
노즈 브러시 Nose Brush	• 눈썹 앞머리에서부터 코 옆 선으로 이어지는 부분에 음영을 줄 때 사용 • 코 벽에 사용하기 편하도록 둥근 형태에 모가 사선임	
아이섀도 팁 브러시 Eye shadow tip Brush	• 스폰지 재질로 되어 있음 • 아이섀도 그라데이션, 포인트를 줄 때 사용	

종류	기능	도구
아이라이너 브러시 Eyeliner Brush	• 아이라인을 그릴 때 사용 • 끝이 가늘고 뾰족함	
아이브로우 콤 브러시 Eyebrow comb Brush	• 눈썹을 빗고 모양을 만들어 줄 때 사용 • 눈썹의 길이 정리 • 마스카라 사용 후 정돈에 사용	
치크 브러시 Cheek Brush	• 볼이나 광대뼈에 색감을 줄 때 사용 • 얼굴 윤곽에 음영을 줄 때 사용	
하이라이트 브러시 Highlight Brush	• 눈 밑, T존, Y존과 같이 돌출되어 보여야 하는 곳에 사용	
섀딩 브러시 Shading Brush	• 섀딩 제품을 이용하여 얼굴의 형태가 작게 또는 들어가 보이는데 사용 • 주로 코 옆선(노즈 섀도), 헤어 라인, 턱 부분에 음영을 줄 때 사용	
립 브러시 Lip Brush	• 입술 선을 그릴 때 사용 • 립 색상을 바를 때 사용	

1 메이크업 재료의 기능과 종류

1. 메이크업 베이스(Makeup Base)

(1) 기능

① 정돈되어 있지 않은 피부 톤과 결을 정리한다.

② 파운데이션의 밀착과 지속력을 높여준다.

③ 외부 환경으로부터 피부를 보호한다.

(2) 종류

① 메이크업 베이스의 종류로는 리퀴드 타입, 크림 타입, 젤 타입, 프라이머 등이 있다.

② 메이크업 베이스 색상은 피부색과 상황에 따라 그에 맞는 색상을 선택하는 것이 좋다. 메이크업 베이스 색상으로 가장 많이 사용되는 것은 그린 색상이며, 최근에는 화이트 펄 제품이 많이 사용되고 있다.

표 2-2 메이크업 베이스 종류와 기능

종류	기능	도구
리퀴드 타입 Liquid Type	• 모든 피부타입에 적합 • 가볍고 부드럽게 펴 발림	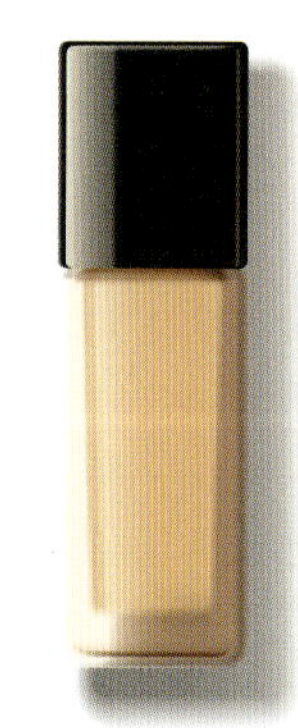
크림 타입 Cream Type	• 건성피부에 적합 • 보정 효과	
젤 타입 Gel Type	• 지성피부에 적합 • 가볍게 바를 때 사용	
프라이머 Primer	• 모공이 넓고 피부 요철이 많은 사람에게 적합 • 유분과 피지로 인한 번들거림을 방지 • 피부 결을 정리 할 때 사용	

표 2-3 메이크업 베이스 색상과 특징

색 상	특징
화이트White	• 어두운 피부 톤을 밝게 표현 • 피부 톤을 투명하게 표현할 때 사용
핑크Pink	• 창백한 피부에 혈색 부여 • 칙칙한 피부 톤 조정
그린Green	• 기미, 잡티, 모세혈관의 확장으로 붉은 기가 있는 피부에 사용
바이올렛Violet	• 노란 기운이 많은 피부 톤에 사용
오렌지Orange	• 어두운 피부 톤에 사용
브론즈Bronze	• 태닝한 피부를 표현하고자 할 때 사용

2. 컨실러(Concealer)

(1) 기능

① 다크 써클, 여드름 자국, 기미, 주근깨 등 피부 결점을 커버한다.

② 피부의 결점을 부분적으로 수정할 때 사용한다.

(2) 종류

① 컨실러의 종류로는 리퀴드 타입, 크림 타입, 스틱 타입, 펜슬 타입 등이 있다. 각 종류에 따라 특성이 다르므로 고객에게 맞는 제품을 선택한다.

표 2-4 컨실러 종류와 특징

종류	특징
리퀴드 타입Liquid Type	• 다크 서클 및 하이라이트를 줄 때 사용 • 피부 표현이 자연스러우나 커버력은 떨어짐
크림 타입Cream Type	• 커버력이 좋고 발림성이 좋음
스틱 타입Stick Type	• 커버력이 우수하나 발림성이 좋지 않음 • 좁은 부위에 사용
펜슬 타입Pencil Type	• 휴대가 간편하고 사용이 편함 • 작은 부위 커버에 용이함

3. 파운데이션(Foundation)

(1) 기능

① 피부 결과 피부 톤을 조절하고 결점을 커버한다.

② 얼굴에 입체감을 주고, 윤곽을 수정한다.

③ 외부자극으로부터 피부를 보호하며 색조화장을 돋보이게 한다.

(2) 종류

① 파운데이션의 종류로는 리퀴드, 크림, 스틱, 파우더, 에어 브러시, 블레미시 밤 타입 등이 있다. 각 파운데이션 종류에 따라 특성이 다르므로 고객의 상황과 피부 타입에 맞춰서 제품을 선택한다.

표 2-5 파운데이션 종류와 특징

종류	특징
리퀴드 파운데이션 Liquid Foundation	• 모든 피부에 적합 • 수분함유량이 많아 사용감이 촉촉하고 가벼움 • 자연스러운 피부표현에 좋음 • 최근에는 커버력을 높인 제품이 출시되고 있으나, 크림이나 스틱 파운데이션에 비해 커버력이 약함
크림 파운데이션 Cream Foundation	• 유분감이 있어 발림성이 좋음 • 커버력이 좋으며 잡티 커버가 가능함
스틱 파운데이션 Stick Foundation	• 커버력과 지속력이 강함 • 장시간 촬영이 요구되는 TV 및 영화, 무대 등과 같은 전문성이 요구되는 메이크업에 사용
파우더 파운데이션 Powder Foundation	• 파운데이션과 파우더가 합쳐진 형태 • 피부 사용 후 느낌이 가벼우며, 사용이 편리함
에어 브러시 타입 파운데이션 Air Brush Type Foundation	• 입자가 고운 파운데이션을 분사하는 제품 • 자연스럽고 고르게 도포되어 모공을 효과적으로 커버함 • 빠른 시간 안에 피부 표현이 가능함.
블레미시 밤 Blemish Balm	• BB크림이라고도 불림 • 피부재생을 위한 기능성 화장품 • 건조한 피부 타입에 적당 • 자연스러운 커버와 투명하고 톤 조절 가능

4. 파우더(Powder)

(1) 기능

① 파운데이션의 유분으로 인한 번들거림을 없애고, 피부표현이 오래 유지될 수 있도록 고정시켜 지속성을 높여준다.

② 피부표현을 화사하고 깨끗하게 표현해주며 외부의 유해환경으로부터 피부를 보호한다.

(2) 종류

① 파우더의 제형별 종류로는 루즈 파우더 , 프레스트 파우더, 피니쉬 파우더가 있으며, 색상별로는 투명, 베이지, 핑크, 퍼플, 화이트, 그린, 브라운 등이 있다.

표 2-6 파우더 종류와 특징

종류	특징
루즈 파우더 Loose Powder	• 가루형태 타입 • 자연스러운 피부를 표현할 때 사용
프레스트 파우더 Pressed Powder	• 루즈 파우더를 압축한 타입 • 휴대가 간편하며 수정 화장에 사용
피니쉬 파우더 Finish Powder	• 펄이 들어간 구슬 타입이나 모자이크 타입 • 메이크업의 마무리 단계에서 하이라이트로 사용

표 2-7 파우더 색상과 특징

분류	특징
투명	• 피부색을 깨끗하고 자연스럽게 표현할 때 사용
베이지Beige	• 중간 피부 톤으로 자연스럽게 표현할 때 사용
핑크Pink	• 밝고 화사하게 연출하고자 할 때 사용 • 주로 신부 메이크업에 사용
퍼플Purple	• 노란 색 기운이 많은 피부 • 창백한 피부를 혈색 있도록 표현 할 때 사용
화이트White	• 흰색 파운데이션 사용 후에 사용 • 아트 메이크업에 주로 사용
그린Green	• 붉은 피부 톤을 완화시킬 때 사용
브라운Brown	• 어두운 피부 톤에 사용 • 얼굴 윤곽 수정에 사용

5. 눈 메이크업에 사용하는 제품

(1) 아이브로우Eye brow

① 기능

- 눈썹 형태나 모양을 디자인하거나, 수정할 때 사용한다.
- 눈썹 형태에 따라 얼굴의 이미지 변화가 가능하다.

② 종류

- 아이브로우로 사용하는 제품 종류로는 아이브로우 전용 펜슬과 아이섀도가 있다. 아이섀도는 자연스러운 색상 표현에 효과적이다.

표 2-8 아이브로우 종류와 특징

종류	특징	재료
아이브로우 펜슬 Eye brow Pencil	• 에보니 펜슬을 비롯하여 연한 갈색에서 흑색까지 다양한 색상의 펜슬 타입으로 된 아이브로우 제품이 있음. • 헤어 컬러나 눈동자 색상, 트렌드를 고려하여 색상 선택	
아이섀도 타입 Eye shadow Type	• 색과 농도 조절로 자연스러운 눈썹 표현 가능 • 아이섀도만으로는 지속력이 떨어짐.	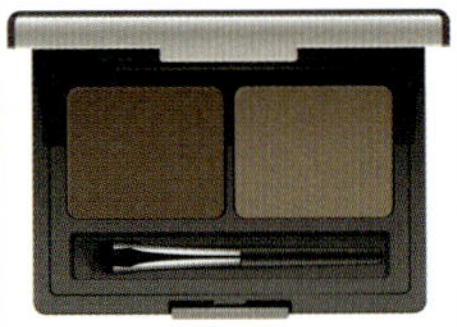

(2) 아이섀도Eye shadow

① 기능

- 눈에 음영을 주어 입체감을 표현한다.
- 눈의 형태를 고려한 장점 부각과 단점 보완이 가능하다.
- 의상, 계절, T.P.O에 적합한 다양한 이미지 연출이 가능하다.

② 종류

- 아이섀도 종류로는 파우더 타입과 스타 파우더, 크림 타입, 젤 타입, 펜슬, 피그먼트 타입 등이 있다.
- 아이섀도 종류에 따라 각기 표현되는 이미지가 다르므로 재료의 특성을 잘 파악하여 상황에 맞는 제품을 효과적으로 사용해야 한다.

표 2-9 아이섀도 종류와 특징

종류	특징	재료
파우더 타입 섀도 Powder Type Shadow	• 일반적으로 많이 사용되는 타입 • 색상이 다양하여 색 혼합과 펴 바르기가 용이함. • 발색이 떨어지고 가루 날림이 있음	
스타 파우더 Star Powder	• 펄 파우더 타입 • 피부에 광택을 주어 화려한 연출 가능 • 입체감 표현 가능	
크림 타입 섀도 Cream Type Shadow	• 유분 성분으로 발색이 좋음 • 펴 바르기가 용이함 • 얼룩지기 쉬움	
젤 타입 섀도 Gel Type Shadow	• 크림타입의 변형된 형태 • 손가락으로 펴바를 수 있음 • 쉽고 빠르게 사용 가능 • 얼룩지기 쉬움	
펜슬 타입 섀도 Pencil Type Shadow	• 발색이 뛰어남 • 간편한 사용 • 펴 바르기가 쉽지 않아서, 색의 뭉침 우려가 있음	
피그먼트 Pigment	• 발색 좋음 • 혼합이 용이함 • 가루가 날리는 단점이 있음 • 펴 바르기가 쉽지 않음	

표 2-10 아이섀도 색상과 이미지

색상	이미지	그림
핑크Pink	• 귀엽고 여성스러운 이미지	
오렌지Orange	• 경쾌하고 따뜻한 느낌	
그린Green	• 젊고 신선한 느낌	
바이올렛Violet	• 귀족적이며 우아미 강조	

(3) 아이라이너Eye liner

① 기능

• 눈매를 선명하고 또렷하게 연출한다.

• 눈의 단점과 장점을 보완할 수 있다.

② 종류

• 아이라이너 종류로는 펜슬 타입과 리퀴드, 케이크, 젤, 브러시 타입이 있다. 제품 종류에 따라 특성이 있으므로 아이라인 표현 시, 이미지를 고려하여 제품을 선택한다.

표 2-11 아이라이너 종류와 특징

종류	특징	재료
펜슬 타입 Pencil Type	• 사용하기 편리함 • 자연스럽고 부드러운 이미지 연출 가능 • 수정이 간편함 • 지속력이 떨어지고 번짐이 있음	
리퀴드 타입 Liquid Type	• 색상이 선명함 • 내수성, 방수성, 지속력이 뛰어남 • 수정이 어려움 • 조명에 의한 반사가 있어, 촬영용으로 적합하지 못함	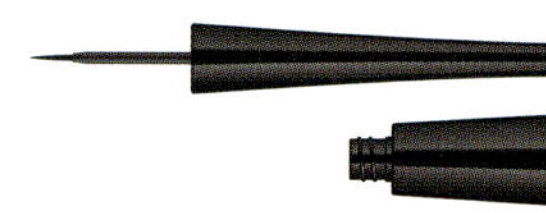
케이크 타입 Cake Type	• 물이나 스킨을 섞어서 사용 • 리퀴드와 펜슬 타입의 중간 타입 • 광택이 없고 자연스러운 연출이 가능	
젤 타입 Gel Type	• 케이크 타입 보다 사용하기 용이함 • 잘 굳음 • 번짐이 적고 지속력이 우수함 • 자연스러운 메이크업 연출이 가능	
브러시 타입 Brush Type	• 광택이 없고 색 표현이 용이함 • 휴대가 간편하고, 그리기 쉬움 • 지속력 높음 • 제품의 용량이 적고, 붓 끝이 갈라짐	

(4) 아이브로우 마스카라Eye brow Mascara

① 기능

• 숱이 많은 눈썹의 결을 자연스럽게 표현할 때 사용한다.

• 다양한 색상으로 눈썹 변화가 가능하다.

(5) 마스카라Mascara

① 기능

- 속눈썹을 풍성하게 표현할 수 있다.
- 눈매 수정이 가능하며, 깊이 있는 눈매 연출이 가능하다.

② 종류

- 마스카라는 속눈썹 표현 방법에 따라 그에 맞는 제품을 선정하여 효과적으로 표현하는 것이 중요하다.

표 2-12 마스카라 종류와 특징

종류	특징
컬링 마스카라 Curling Mascara	• 브러시가 길고 촘촘함 • 속눈썹을 자연스럽게 말아 올려주며, 지속력이 높음
볼륨 마스카라 Volume Mascara	• 빈약한 속눈썹의 숱을 많아 보이게 함 • 또렷한 눈매 연출 가능 • 대체로 솔이 촘촘함 • 뭉침 방지와 지속력을 강화하기 위한 특수처리가 되어 있는 것이 많음
롱래쉬 마스카라 Longlash Mascara	• 눈썹을 길어 보이게 하는 섬유소, 실리콘 혼합물, 식물성 왁스 등이 함유된 제품임 • 속눈썹 길이 연장의 효과가 있음
컬러 마스카라 Color Mascara	• 다양한 컬러의 마스카라가 있음 • 개성 있는 연출이 가능
워터프루프 마스카라 Waterproof Mascara	• 땀과 물에 잘 지워지지 않는 방수효과가 있으며, 지속력이 뛰어남 • 마스카라 후, 번짐이 적음
베이스 마스카라 Base Mascara	• 마스카라를 바르기 전에 사용 • 속눈썹에 영양을 공급하고 부드럽게 해줌 • 마스카라의 밀착력을 높이고 고정을 도움 • 컬링이나 롱래쉬 효과가 높음

(6) 인조 속눈썹False Eyelashes

① 기능

- 눈매를 깊이 있고 또렷하게 보이게 한다.
- 눈매 수정과 눈매 보완이 가능하다.
- 속눈썹의 길이가 길어 보인다.

② 종류

- 인조 속눈썹 종류는 낱개로 붙이는 낱개 속눈썹과 한 개의 통으로 연결된 속눈썹이 있다. 그 외에도 통으로 된 속눈썹을 2~3개씩 잘라서 나눠 붙이는 방법도 있다.

표 2-13 인조 속눈썹 종류와 특징

종류	특징	재료
낱개 속눈썹Individual Eyelashes	• 가닥가닥 나눠어져 있어 하나씩 붙이도록 되어있음 • 자연스러운 연출 가능 • 길이에 따라 다양한 선택 가능 • 속눈썹 양 조절 가능	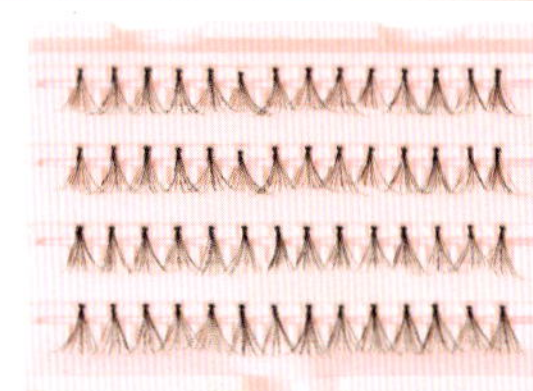
한 개로 연결된 속눈썹Stipe Eyelashes	• 주로 일반인이에게 사용되고 있는 제품 모양이 잡혀 있어서 사용이 간편함 • 또렷한 눈매 만들기가 쉬움	

6. 볼 메이크업에 사용하는 제품

(1) 블러셔Blusher

① 기능

- 얼굴에 음영을 주어 입체감을 만드는 윤곽 수정이 가능하다.
- 얼굴에 혈색을 부여한다.
- 블러셔의 방향표현으로 얼굴형 수정 및 이미지에 따른 개성 연출이 가능하다.

② **종류**

• 블러셔의 종류로는 케이크 타입Cake Type과 크림 타입Cream Type이 있으며, 색상은 주로 핑크, 오렌지, 브라운 색상이 사용된다.

표 2-14 블러셔 종류와 특징

종류	특징	재료
케이크 타입 Cake Type	• 일반적으로 사용하는 제품임 • 색상이 다양함 • 자연스러운 그라데이션이 가능	
크림 타입 Cream Type	• 파우더를 바르기 전에 사용 • 피부 밀착력이 좋아 지속력이 뛰어남	

표 2-15 블러셔 색상과 이미지

색상	이미지
핑크Pink	• 귀엽고 여성스러운 이미지
오렌지Orange	• 건강하고 발랄한 느낌 이미지
브라운Brown	• 차분하며 세련된 이미지

7. 입술 메이크업에 사용하는 제품

입술 메이크업 제품의 종류에는 립스틱과 립 글로즈, 립 펜슬, 립 팔레트, 립 틴트, 립 밤 등이 있다.

표 2-16 입술 메이크업 제품 종류와 특징

종류	특징	재료
립스틱Lip Stick	• 가장 대중적으로 사용됨 • 사용하기 편하고 휴대가 간편함 • 자연스러운 립 색상 표현이 가능함 • 립 색상을 통한 이미지 변화가 가능함 • 입술의 형태를 수정이 가능함	
립 글로즈Lip Gloss	• 오일성분이 함유된 제품임 • 자연스런 색상 표현이 가능함 • 입술에 윤기를 주어 생기 있고, 볼륨감 있는 표현이 가능함	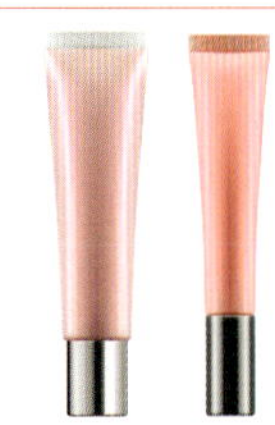
립 펜슬Lip pencil	• 펜슬 타입으로 사용이 편하고 휴대가 간편함 • 입술 선 표현이 용이함 • 입술 형태 수정이 가능함	
립 팔레트Lip palette	• 다양한 색상 보관이 가능함 • 색상 블렌딩이 가능함 • 자유로운 색 선택으로 이미지 표현이 용이함	
립 틴트Lip tint	• 입술 색상 착색의 효과가 있음 • 지속력이 좋고, 선명함 • 입술이 건조해지기 쉬움	
립 밤Lip Balm or Conditioner	• 외부환경으로부터 입술을 보호함 • 입술에 영양과 윤기를 부여함	

표 2-17 입술 메이크업 제품 색상과 이미지

색상	이미지	그림
Pink	• 귀엽고 여성스러운 이미지	
Orange	• 경쾌하고 따뜻한 이미지	
Red	• 정열적이고 관능적인 이미지	
Brown	• 지적이고 차분하며 세련된 이미지	
Violet	• 우아하고 화려한 이미지	

CHAPTER 3 메이크업 색채

1 메이크업 색채

1. 무채색과 유채색

(1) 무채색

① 흰색에서부터 검정색에 이르기까지 명도를 지닌 색을 말한다.

(2) 유채색

① 무채색 이외의 모든 색을 말한다.

② 색의 3속성색상, 명도, 채도를 지니고 있다.

2. 색의 3속성

(1) 색상Hue

① 색상은 크게 무채색, 유채색으로 나눌 수 있다.

② 유채색은 따뜻한 색과 차가운 색으로 구분하며, 온열감이 없는 색은 중성색으로 구분한다.

표 2-18 색상과 온도감

분류	이미지
난 색	• 진출색이며 따뜻하고 온화한 이미지
한 색	• 후퇴색으로 활동적이며 지적인 이미지
중성색	• 난색과 한색의 느낌이 없는 색

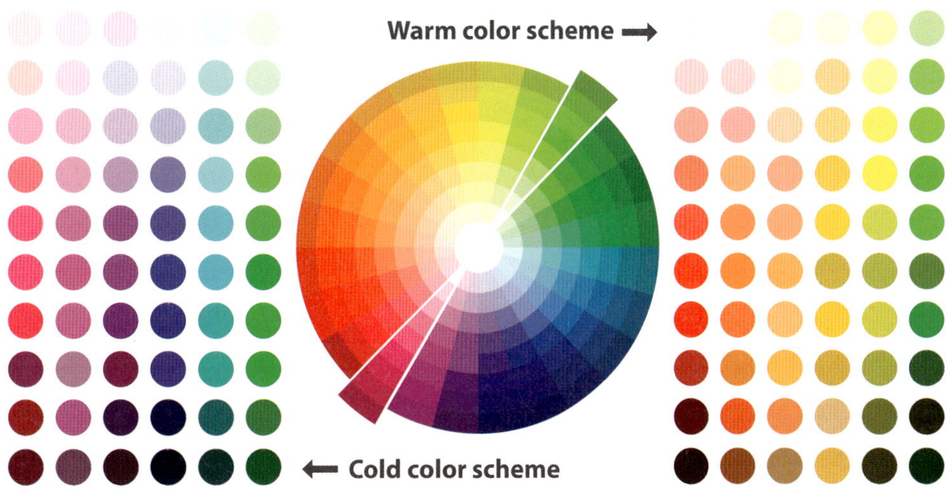

(2) 명도Value

① 색의 밝기의 정도를 의미한다. 어두운 색상은 명도가 낮고, 밝은 색상은 명도가 높다.

② 고명도의 색상은 흰색이 많이 포함되어 있다. 고명도의 색상은 밝은 색상으로 부드럽고 가벼운 느낌이며, 앞으로 진출해 보이는 특성을 지니고 있다. 고명도의 특성을 이용하여 메이크업에서는 얼굴 부분에서 들어가 있는 부분을 튀어나와 보이게 하거나, 하이라이트를 표현할 때 활용하고 있다.

③ 저명도의 색상은 검정 색상이 많이 포함되어 있다. 저명도의 색상은 어두운 색상으로 차분하고 무거운 느낌이며, 뒤로 물러나 보이는 특성을 지니고 있다. 저명도의 특성을 이용하여 메이크업에서는 얼굴 윤곽과 부분별 수정 메이크업에 활용하고 있다.

(3) 채도Chroma

① 색의 선명함, 순도를 말한다.

② 채도의 높음과 낮음은 색채의 선명도와 탁한 정도를 말한다.

③ 채도가 가장 높은 색을 순색이라고 한다.

3. 톤(색조, Tone)

① 색의 명암, 농담, 강약 등을 모두 포함한 색의 이미지이다.

② 채도와 명도가 혼합된 이미지를 구성해 놓은 것이다.

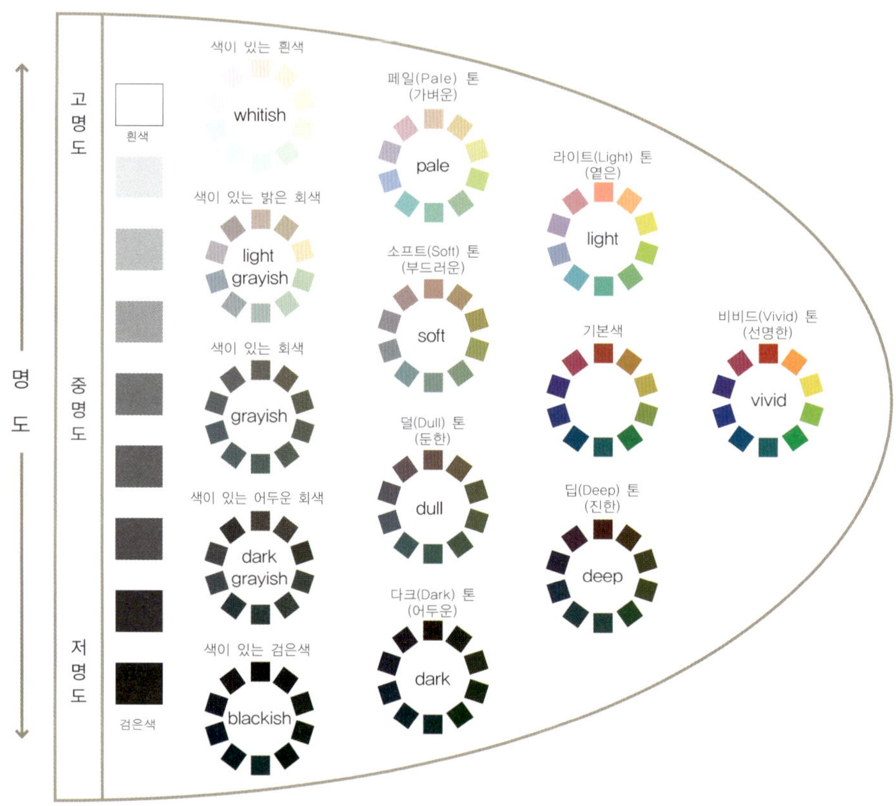

4. 색의 배색

- 두 가지 이상의 색을 배치한 상태를 색의 배색이라고 한다.
- 메이크업에서는 아이섀도와 입술 색상, 1차 아이섀도 색상과 2차 아이섀도 색상, 눈썹과 피부 표현 등과 같은 색상 선택이 색의 배색에 해당된다.

① 동일색상 배색

- 같은 색상을 명도나 채도 변화를 통해 배색하는 방법이다.

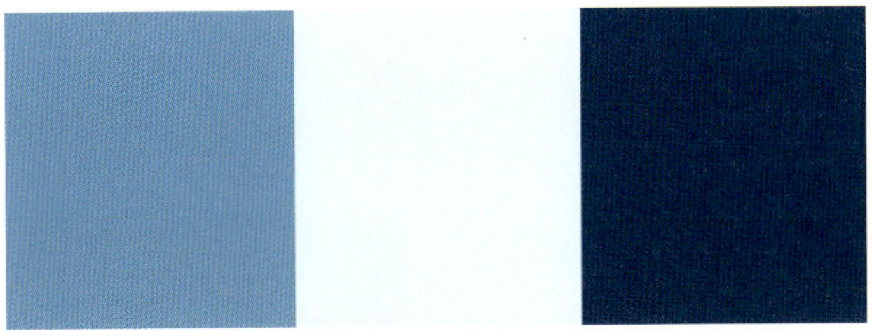

② 유사색상 배색

- 색상환에서 인접한 색끼리 배색하는 방법이다.

③ 보색색상 배색

- 색상환에서 서로 정 반대편에 있는 색의 배색 방법이다.

④ 톤 온 톤 배색Tone on Tone

• 동일 계열의 색상에서 톤을 변화시켜 배색하는 방법이다.

⑤ 톤 인 톤 배색Tone in Tone

• 동일 톤이나 유사 톤을 배색하는 방법이다.

⑥ 콘트라스트 배색Contrast

• 보색이나 반대 색상과 같이 색상차가 큰 색상을 배색하는 방법이다.

⑦ 그라데이션 배색Gradation

• 색상, 명도, 채도의 단계를 서서히 변화시키는 배색 방법이다.

⑧ 액센트 배색Accent

- 비슷한 색상이나 톤을 가진 단조로운 색상 배색 사이에 강조 색상을 넣어 전체적인 배색을 강조하는 방법이다.

⑨ 세퍼레이션 배색Separation

- 단조로운 배색이나 보색, 어울리지 않은 배색 사이에 무채색을 삽입하여 배색하는 방법이다.

5. 색과 이미지

① 색의 이미지는 개인이 살아온 문화에 따라 다르게 느껴지지만, 색마다 보편적인 색의 이미지가 존재한다.

② 메이크업에서도 색의 이미지를 적용하여 메이크업 이미지를 추출하게 되므로, 색의 보편적 이미지에 대한 이해가 필요하다.

표 2-19 색과 이미지

색	이 미 지
빨간색Red	• 생명, 따뜻함, 진취적, 혁명, 강함, 불, 고통, 재난, 전쟁, 위험 등
주황색Orange	• 창조, 정욕, 박애, 건강, 활력, 악마, 이기심, 절망, 인내 등
노란색Yellow	• 지혜, 고귀함, 질투, 배신자, 거짓, 비겁, 번창, 빛, 확대 등
녹색Green	• 생존, 생명, 안정, 휴식, 희망, 신선, 자연, 차분, 침착 등
파랑색Blue	• 신성함, 진정, 행복, 희망, 진실, 명예, 휴식, 거리, 영원함, 이상, 꿈, 청결 등
보라색Purple	• 귀족, 영혼, 신비, 겸허함, 회한, 지혜, 번영, 부, 생산력, 근성, 허세 등
검정색Black	• 죽음, 공포, 절망, 어둠, 침묵, 사멸, 세련, 고급 등
흰색White	• 순수, 믿음, 평화, 항복 등
회색Gray	• 부드러움, 안정, 세련됨 등

6. 조명

① 빛은 크게 자연광과 인공광으로 구분할 수 있다. 나눌 수 있다. 자연광이란, 태양빛을 의미하며 인공광은 인공적으로 만든 빛 즉 형광등, 백열등, 할로겐 등과 같은 인위적인 광원을 말한다.

② 조명의 종류, 각도, 위치, 밝기에 따라 동일한 색이라 할지라도 색의 느낌과 형태 등이 달리 보일 수 있다.

③ 메이크업 시 이상적인 조명이란, 자연광과 같은 광원을 말하는 것으로 본래의 색이 그대로 나타나는 것이다. 그러나 자연광과 동일한 인공광원은 존재하지 않으므로 가능한 자연광에 가까운 조명을 사용하는 것이 좋다.

(1) 조명의 종류

- 자신이 원하는 메이크업 색상을 효과적으로 표현하기 위해서는 현재 사용하고 있는 조명에 대한 기본적인 사전 지식을 갖추고 있어야만 메이크업 색상 표현을 할 때 실수를 줄일 수 있다.

① 자연광

- 태양 빛을 통한 자연광으로 가장 무난한 색 표현이 가능하다.

② 인공조명

- 백열등은 빛의 세기가 약하고 노란 기운이 도는 색을 띄며, 레드, 베이지, 브라운, 핑크 같이 따뜻한 색상은 실제의 색보다 진하게 보이고, 그린, 블루, 퍼플과 같은 차가운 색상은 중화된다.
- 형광등은 색상 톤이 밝고 선명하게 보이나 색상에 따라 왜곡되어 보일 수 있다.

PART Ⅲ

메이크업 실제

1. 얼굴 부위별 명칭 및 이상적 프로포션
2. 얼굴형에 따른 분류 및 수정 메이크업
3. 얼굴 부위별 메이크업

B a s i c

M a k e - u p

1 얼굴 각 부위별 명칭

헤어 라인
관자놀이
눈썹 앞머리
눈썹산
눈썹 꼬리
눈두덩
쌍꺼풀 라인
눈꼬리
눈 앞머리
콧잔등
광대뼈
콧방울
인중
입술산
구각
턱 선

2 페이스 존(Face Zone)

- 얼굴 메이크업 부위별 명칭은 헤어라인, 페이스라인, O존, Y존, T존, U존, 애플존 등으로 구분한다.

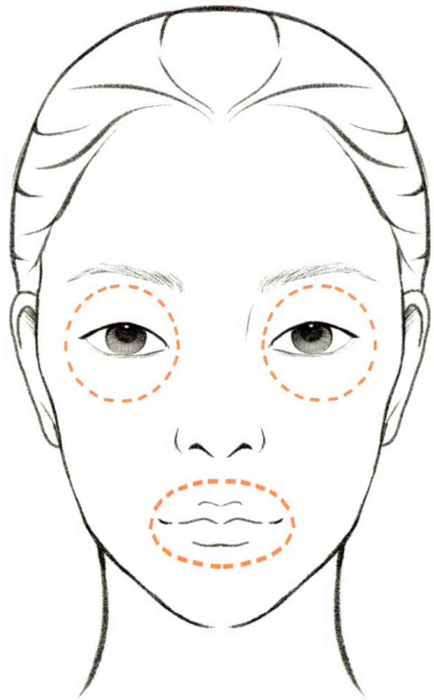

0존

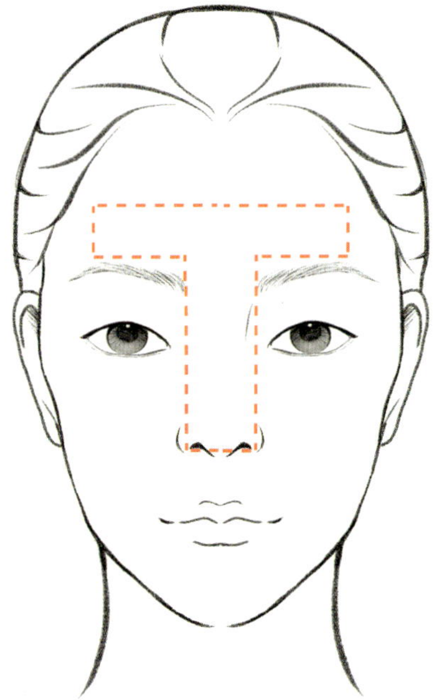

T존

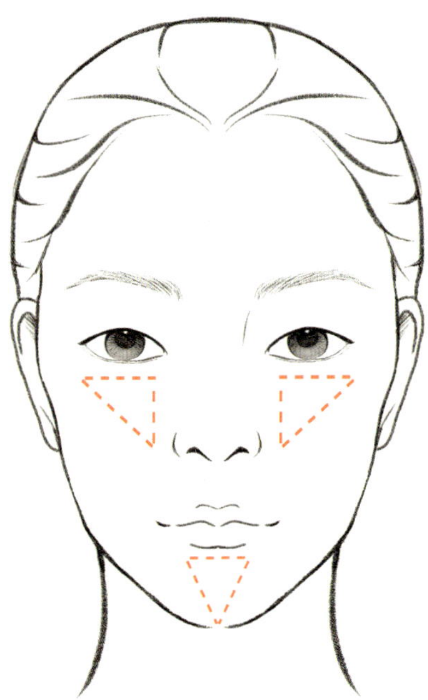

Y존

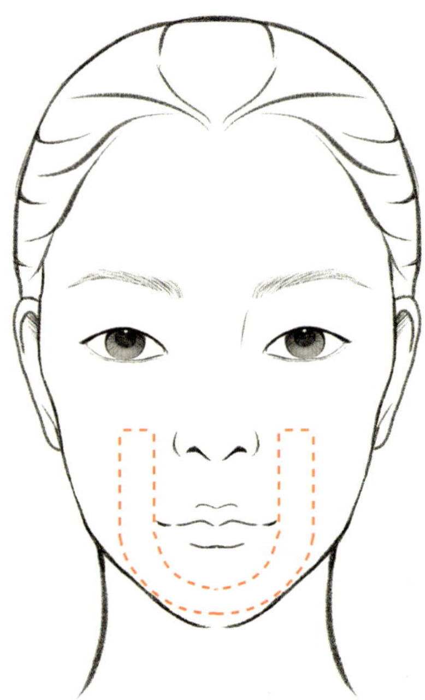

U존

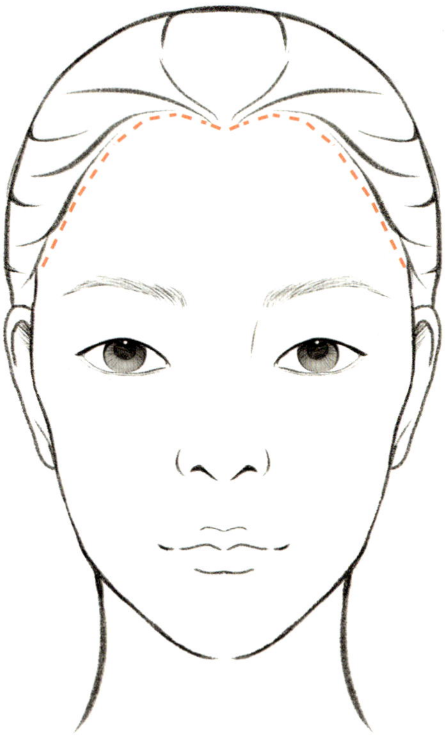

헤어 라인

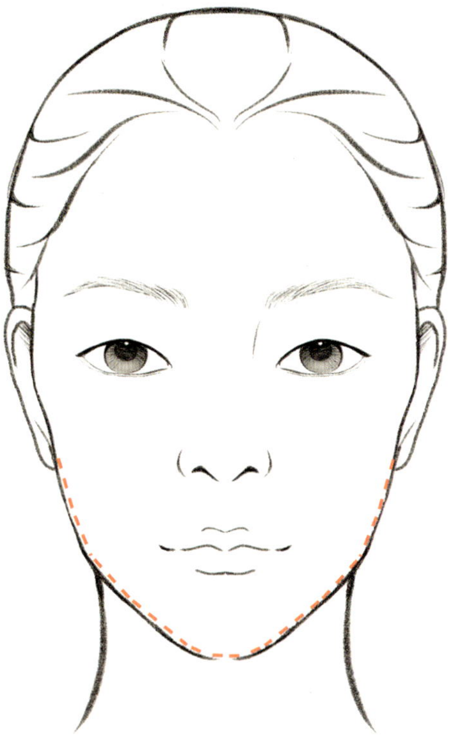

페이스 라인

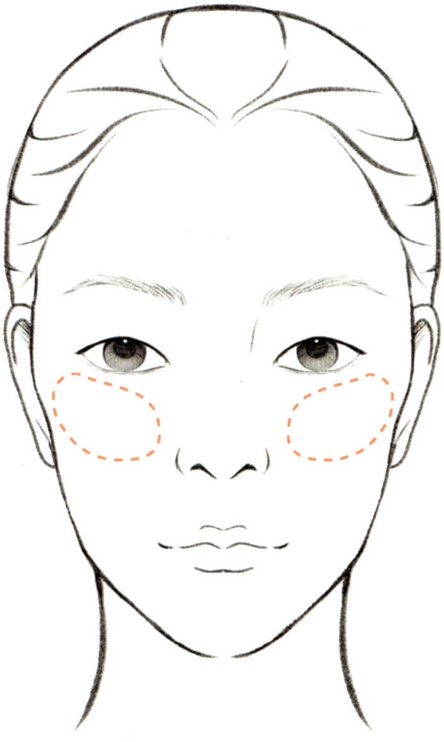

애플 존

3 얼굴의 이상적 프로포션

- 프로포션Proportion은 사전적으로 '비율', '균형', '조화'를 의미한다. 즉 이상적인 얼굴의 프로포션이란, 눈, 코, 입 등의 얼굴 전체에 대한 균형을 말한다.
- 메이크업을 할 때 얼굴 골격의 기본적인 구조, 이목구비의 배열, 음영 등에 대한 이해는 메이크업을 효과적으로 표현하는 데 매우 중요한 역할을 한다. 이상적이고 아름다운 얼굴의 이미지는 얼굴 전체의 균형이 잘 이루어졌을 때 나타나므로, 얼굴의 장·단점을 파악하고, 이상적인 얼굴 프로포션에 맞게 수정·보완하는 것이 중요하다.
- **보통 동양의 이상적인 얼굴의 비율은** 1:1.3 정도의 타원형으로 보고 있으며, 서양의 경우는 세로가 조금 더 긴 1:1.5 정도의 비율을 이상적 비율로 본다.

1. 가로 분할(얼굴 폭)

얼굴의 가로 분할은 헤어라인에서부터 턱 끝까지 보통 3등분으로 나눈다.

- 1등분: 헤어라인에서 눈썹
- 2등분: 눈썹에서 코 끝
- 3등분: 코 끝에서 턱 끝

2. 세로 분할(얼굴 길이)

얼굴의 세로 분할은 귀 끝에서 반대편 귀 끝까지 보통 5등분으로 나눈다.

- 1등분: 귀 끝에서 눈꼬리
- 2등분: 눈꼬리에서 눈 앞머리
- 3등분: 눈 앞머리에서 반대 눈 앞머리
- 4등분: 반대 눈 앞머리에서 반대 눈꼬리
- 5등분: 반대 눈꼬리에서 반대 귀 끝

3. 눈썹 위치

- 이상적인 눈썹의 위치는 양쪽 콧방울에서 수직으로 올린 지점에 눈썹 앞머리가 위치하고, 눈썹 꼬리는 콧방울에서 눈꼬리를 연결한 선과 만나는 지점에 위치한다.

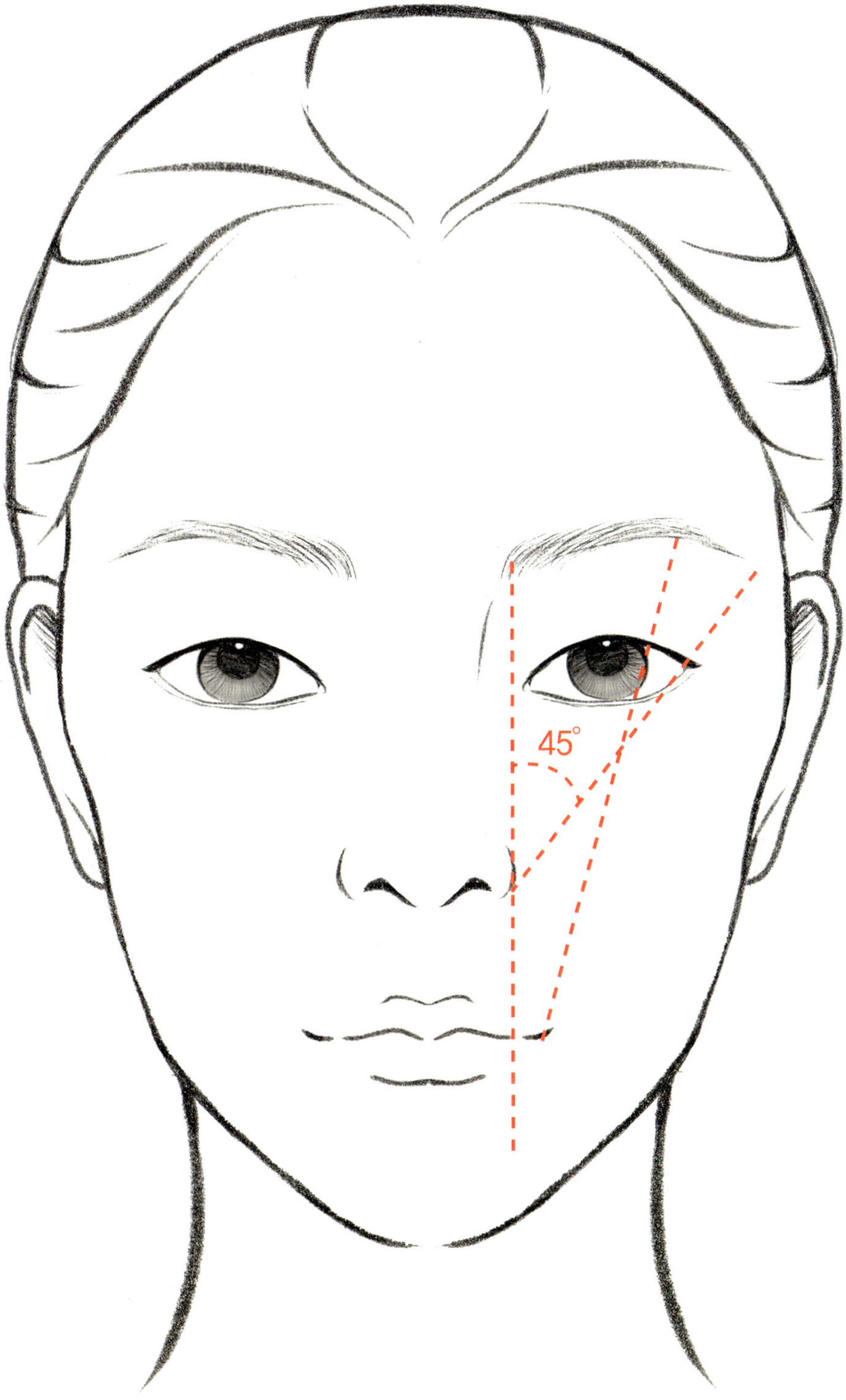
45°

4. 눈과 눈 사이

- 눈과 눈 사이 간격은 그 사이에 눈이 하나 들어갈 정도의 넓이가 이상적이다.

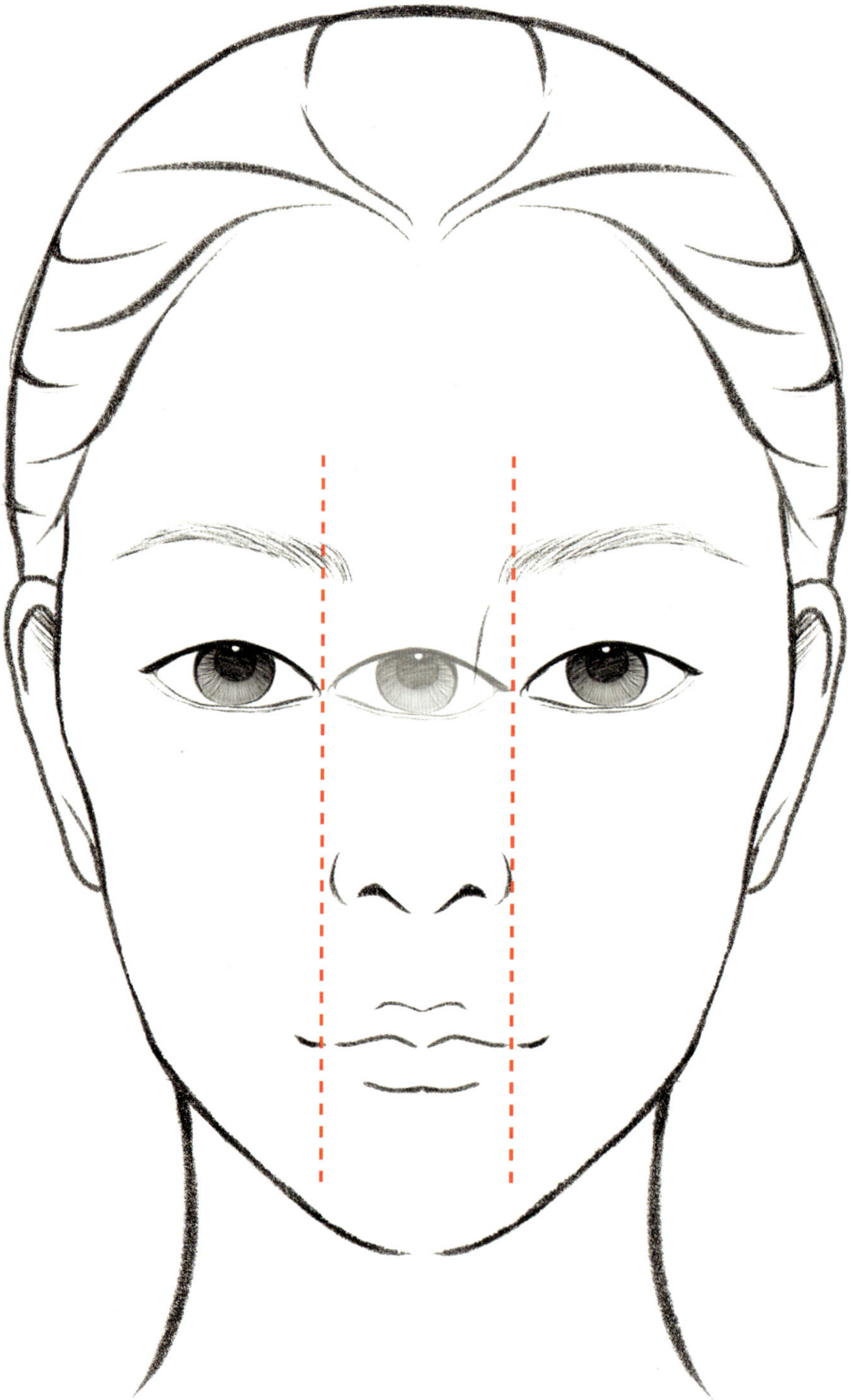

5. 코의 위치

- 코는 얼굴의 정 중앙에 위치하며, 콧방울과 콧방울의 폭은 눈의 폭 정도가 이상적이다.

6. 입술

- 입술은 정면을 바라봤을 때 눈동자 안쪽 선에서 수직선상에 내려왔을 때, 입술 꼬리가 위치한다.
- 윗입술과 아랫입술의 비율은 1 : 1.5 정도가 이상적이다.

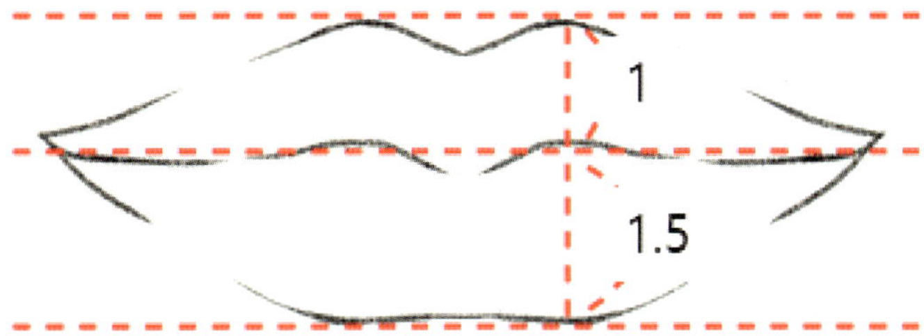

1 타원형(Oval Face)

- 사람의 얼굴형은 각기 개인마다 다른 형태로 대부분 복합적인 요소를 지니고 있다. 이상적 얼굴형을 보통 타원형으로 보고 있으며, 메이크업을 할 때 기준으로 삼는 얼굴형도 타원형이다.
- 메이크업을 할 때, 얼굴형 수정은 이상적인 타원형으로 보일 수 있도록 얼굴의 길이와 폭을 하이라이트Highlight와 섀이딩Shading을 이용한 착시 효과로 조정한다.

타원형Oval Face

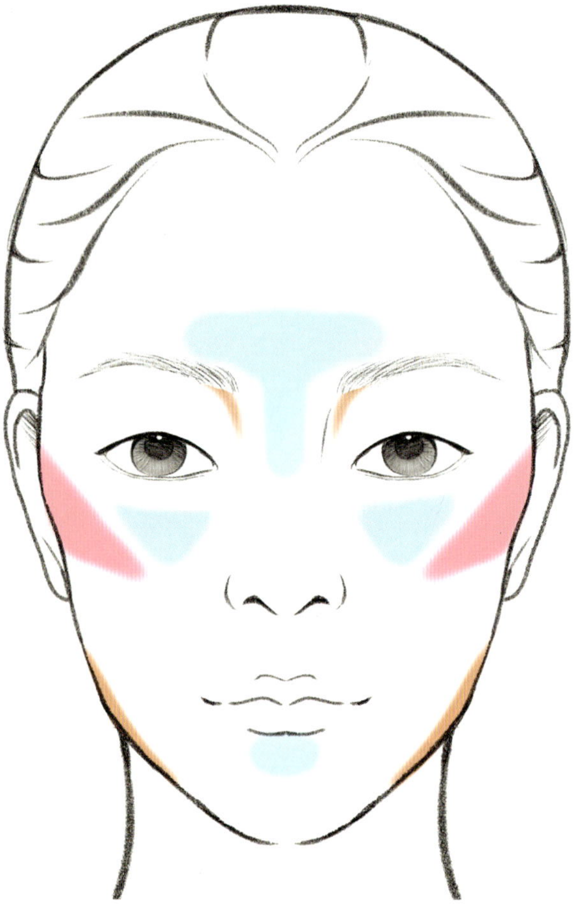

타원형 얼굴 수정 메이크업

- Base : 얼굴의 입체감을 살리는 정도의 베이스 처리를 한다.
- Eye-brows : 모든 눈썹의 형태가 잘 어울리지만, 눈썹 형태에 따라 이미지가 달리 보이므로, T.P.O에 따라 그에 맞는 눈썹 형태를 그린다.
- Blusher : 광대를 감싸는 자연스러운 형태로 넣어준다.

2 긴 형(Oblong Face)

긴 형Oblong Face

- 얼굴 전체의 길이가 얼굴 폭보다 긴 형태의 얼굴형으로, 폭이 좁고 길이가 긴 특징을 가지고 있다.
- 긴 형의 이미지는 조용하고 성숙한 느낌을 준다.

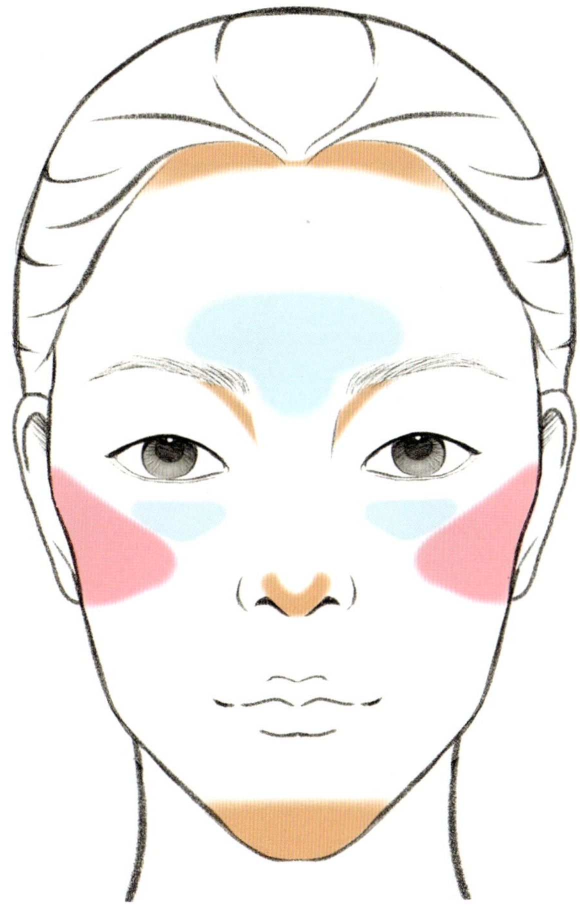

긴 형 얼굴 수정 메이크업

- Base : 전체적으로 얼굴 폭이 넓어 보일 수 있도록 얼굴형을 수정한다. 헤어라인, 턱 끝부분에 섀이딩을 넣어주고 얼굴의 길이가 짧아보이도록 착시 효과를 준다. 얼굴의 중앙부분인 이마와 눈 밑 부분에는 하이라이트를 넣어 얼굴의 폭이 넓어 보일 수 있도록 착시 효과를 준다.
- Eye-brows : 눈썹은 수평으로 길게 그려준다.
- Blusher : 광대뼈 부분에 가로 방향으로 짧게 발라준다.

3 둥근형(Round Face)

둥근형Round Face

• 둥근형의 특징은 다른 얼굴에 비해 얼굴 길이와 얼굴 폭의 차이가 크게 나지 않는다. 헤어라인이 둥글며, 코, 턱이 짧아 귀여운 이미지를 준다.

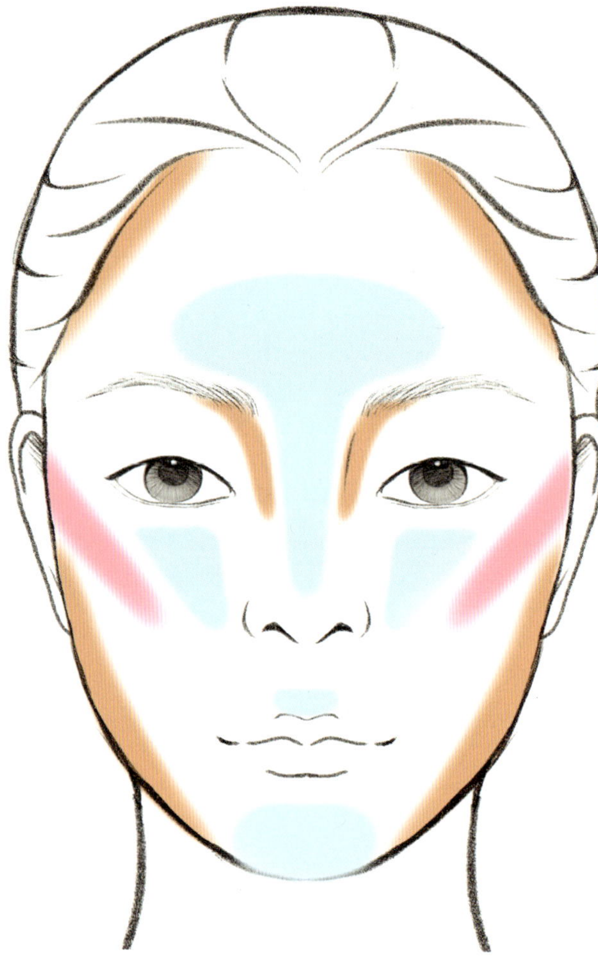

둥근형 얼굴 수정 메이크업

• Base : 둥근 얼굴형은 대체적으로 짧은 코를 가지고 있어 코가 길어 보일 수 있도록 콧대와 노즈 섀도우를 코 끝까지 길게 넣어준다. 헤어라인, 얼굴 양쪽 측면은 세로 방향으로 섀이딩을 넣어주고, 이마와 눈 밑 부분에는 하이라이트를 넣어주어 얼굴이 길어보이도록 한다.
• Eyebrows : 각진 형태 또는 상승형으로 그려준다.
• Blusher : 턱 끝과 입 꼬리를 향해 사선으로 폭이 넓게 표현한다.

4 사각형(Square Face)

사각형Square Face

- 사각형 얼굴은 가로의 폭이 넓고, 턱 부분이 사각으로 넓은 형태이다.
- 사각 턱으로 인해 이미지는 강해보이며, 평면적인 느낌을 준다.
- 헤어 라인이 각지고 턱뼈가 넓은 형태로 발달되어 있다.

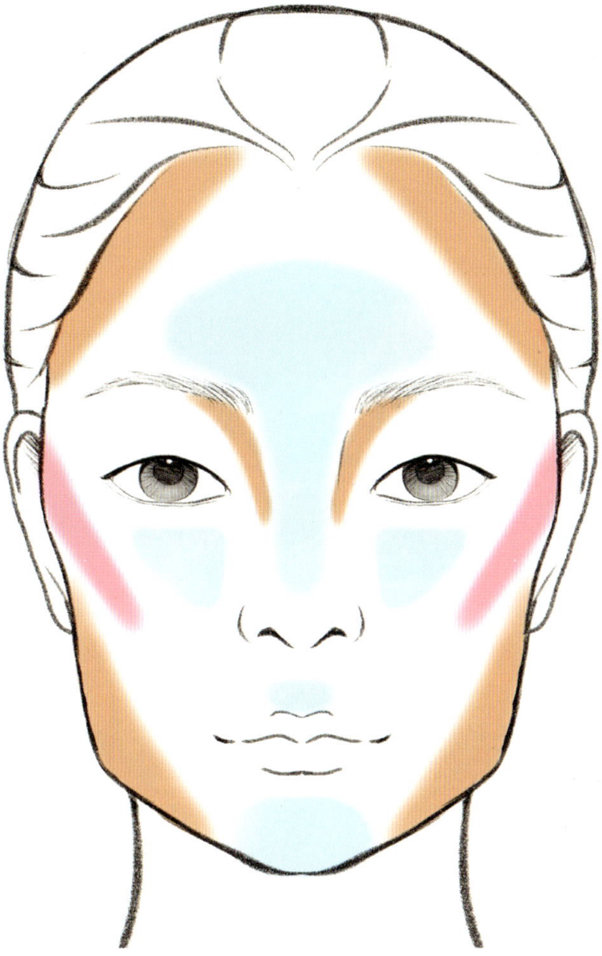

사각형 얼굴 수정 메이크업

- Base : 사각형 얼굴의 각진 턱과 평면적인 느낌을 최소화시키기 위해 헤어라인, 얼굴 양쪽 측면은 사선 방향으로 섀이딩을 넣어주고 이마, 눈 밑은 하이라이트를 넣어주어 얼굴이 길어보이도록 한다.
- Eyebrows : 각진 형태의 얼굴 윤곽이 부드러워 보일 수 있도록 둥근 아치형 또는 기본형으로 그려준다.
- Blusher : 입꼬리 방향으로 사선이 되도록 그려준다.

5 마름모형(Diamond Face)

마름모형Diamond Face

- 턱과 이마가 길고 좁아 광대가 상대적으로 부각되어 보인다. 전체 이미지는 날카로운 인상을 주며, 나이가 들어 보인다.

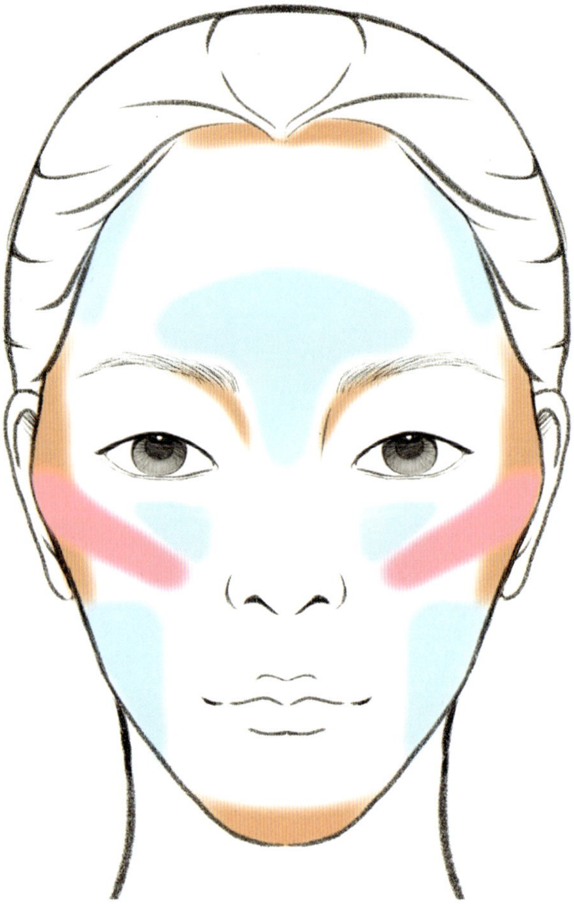

마름모형 얼굴 수정 메이크업

- Base : 눈 밑과 양 볼의 움푹 들어간 부분에 하이라이트를 주고, 헤어라인과 턱 끝부분에는 수평으로 섀이딩을 넣어준다. 특히 튀어나온 양쪽 광대 부분에는 섀이딩 처리를 해 준다.
- Eyebrows : 아치 형태의 부드러운 곡선으로 부드럽게 보이게 한다. 눈썹의 산은 기본형보다 앞에 위치하도록 한다.
- Blusher : 광대뼈를 감싸며 코 끝을 향해 바른다.

6 역삼각형(Inverted Triangle Face)

역삼각형Inverted Triangle Face

- 이마 부분의 상부가 발달하고 턱이 뾰족한 형태의 얼굴형이다. 이미지는 날카롭지만 세련된 느낌을 준다.
- 헤어라인이 각지거나 하트형의 경우가 많다.

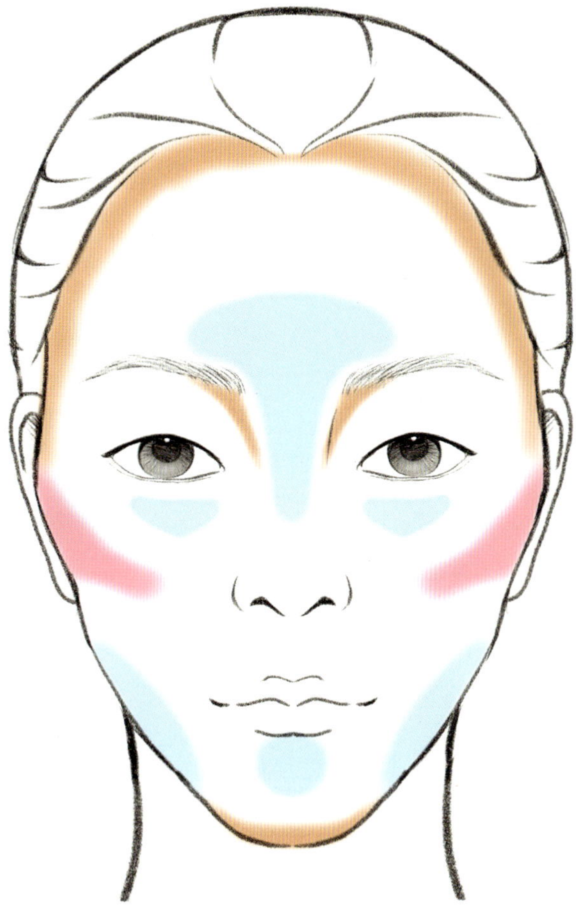
역삼각형 얼굴 수정 메이크업

- Base : 양 볼의 움푹 들어가 있는 곳에 하이라이트를 넣어주고, 헤어라인 부분은 둥근 이마형태가 나오도록 섀이딩 처리한다. 뾰족한 턱의 경우, 턱 끝부분이 뾰족한 느낌이 나지 않도록 끝부분만 섀이딩을 넣어준다.
- Eyebrows : 아치 형태의 부드러운 곡선 형태는 뾰족한 얼굴형을 보완한다. 넓은 얼굴 상부를 좁아보이게 하기 위해 눈썹 앞머리를 조금 당겨서 미간 사이가 조금 가깝게 그려준다.
- Blusher : 광대뼈를 감싸며 코 끝을 향해 바른다.

1 눈썹(Eye-brows)

(1) 기능

- 얼굴형에 따른 눈매 수정 및 보완이 가능하며, 눈썹 형태에 따라 이미지 변화를 줄 수 있다.

(2) 눈썹 부위별 명칭

- 눈썹 앞머리는 콧방울에서 일직선으로 올라간 곳에 위치한다.
- 눈썹산은 전체 눈썹 길이에서 2/3선 정도에 위치한다.
- 눈썹꼬리는 눈썹머리의 위치보다 처지지 않도록 그린다.
- 눈썹 길이는 콧방울에서 눈썹꼬리를 지나는 45° 선에서 만나는 지점에 위치한다.
- 눈썹 길이는 눈 길이보다 길게 그린다.
- 눈썹 앞머리의 색상은 자연스럽게 표현하며 눈썹 꼬리 부분은 조금 진하게 표현한다.

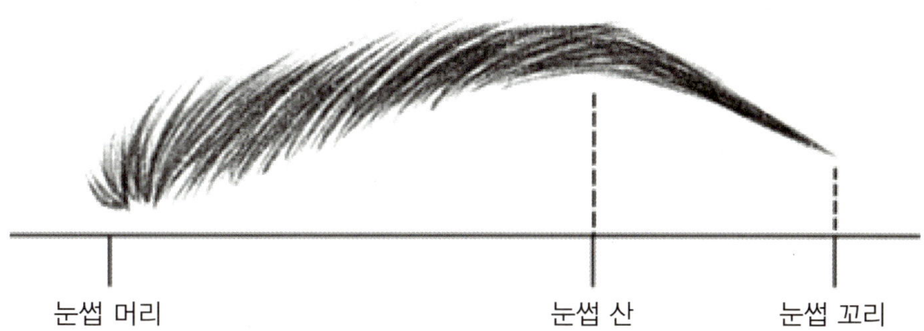

눈썹 부위별 명칭

표 3-1 눈썹 모양과 표현 방법

눈썹 모양	표현 방법	그림
표준 형태	• 일반적인 눈썹 형태	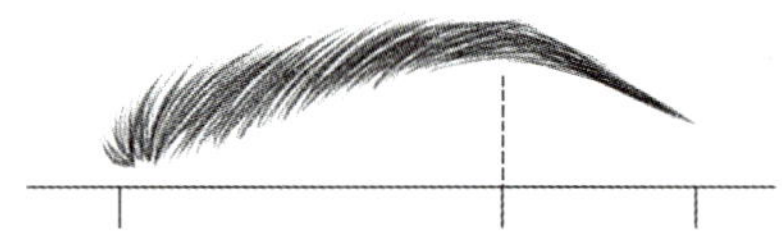
직선 형태	• 단정한 느낌의 눈썹 • 장방형 얼굴에 어울림	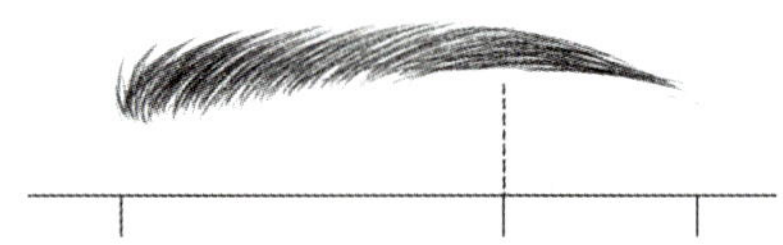
상승 형태	• 개성 있고 동적인 느낌 • 둥근 얼굴이나 턱이 각진 얼굴에 어울림	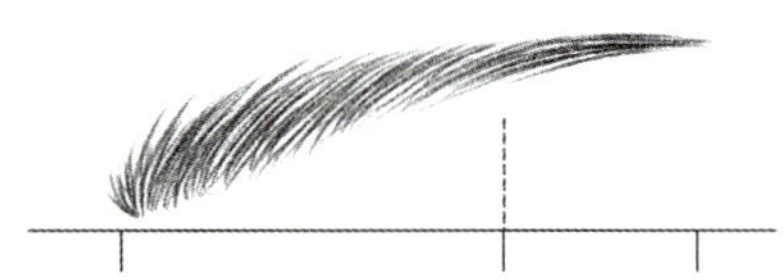
둥근 형태	• 여성적이며 성숙한 느낌 • 눈썹 산을 올려 그림	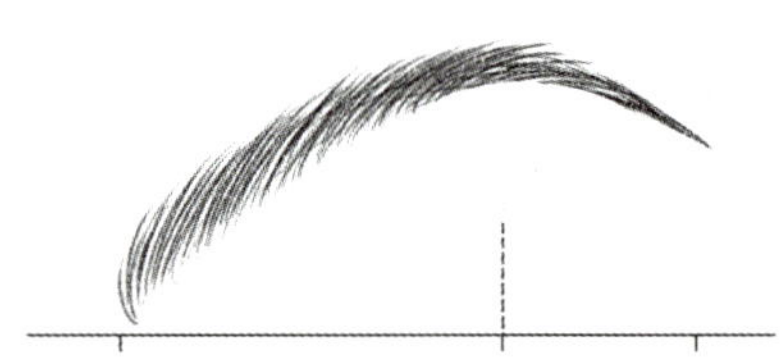
각진 형태	• 단정하고 세련된 느낌 • 둥근 얼굴에 잘 어울림	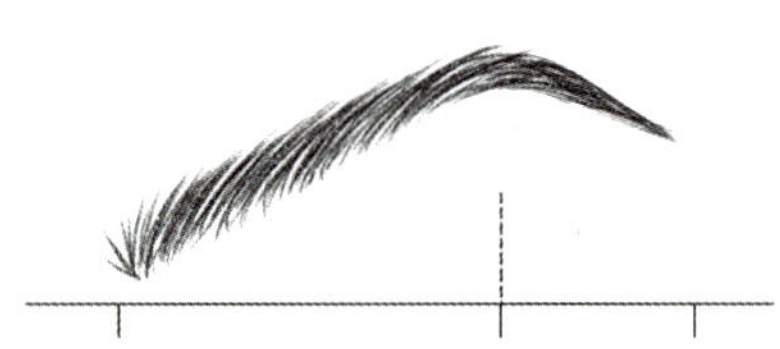

2 눈(Eye)

1. 아이섀도 Eye shadow

(1) 기능

- 눈의 음영을 부여하고 입체감 있는 아이 메이크업을 표현할 수 있다.
- 아이섀도 색상과 수정 방법에 따라 다양한 표정 및 이미지를 전달할 수 있다.

(2) 표현방법

- 눈두덩이 부분에 밝은 색상의 아이섀도로 펴 발라준다.
- 메인 컬러로 눈꼬리 부분에서부터 앞부분까지 자연스럽게 음영을 준다.
- 포인트 컬러로 눈의 1/3부분까지 음영을 준다.
- 언더 라인에도 메인색상과 포인트 색상으로 그라데이션 해준다.
- 눈앞머리와 눈썹 뼈 부분에 하이라이트로 입체감을 준다.

(3) 아이섀도 부부별 명칭

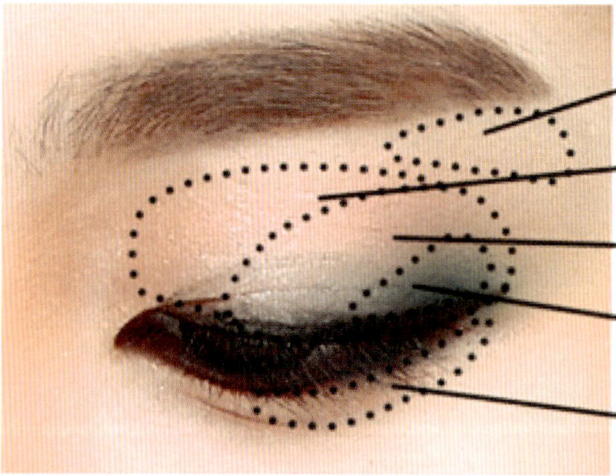

(4) 아이섀도 4가지 표현기법

아이섀도 표현방법은 여러 가지가 있지만, 다양한 표현을 할 수 있는 기본적인 아이섀도 기법은 가로 방향으로 펴 발라주는 가로 프레임 기법과 세로로 펴 발라주는 세로 프레임 기법, 아이섀도를 표현한 눈 모양이 달무리 같다고 해서 지어진 알로 기법, 아이 홀을 중심으로 홀 위로 아이섀도를 표현하는 아이 홀 기법 4가지가 기본이 된다.

표 3-2 아이섀도 표현 기법

기법	아이섀도 표현 기법
가로 프레임	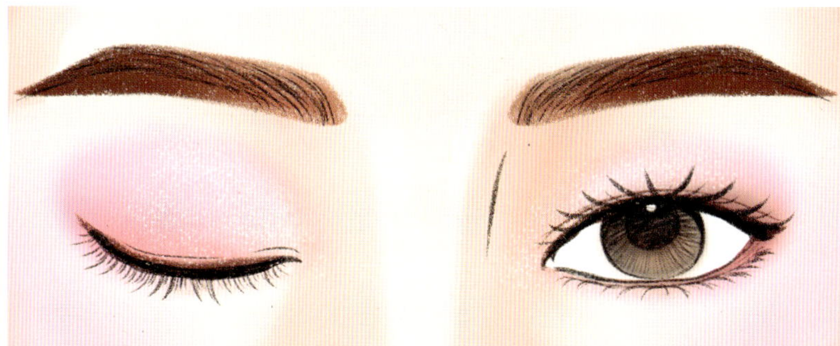
세로 프레임	
알로 기법	
아이 홀 기법	

(5) 눈 형태에 따른 수정 메이크업

• 사람들의 눈 형태에 따른 수정 메이크업에서는 작은 눈과 돌출된 눈, 미간이 좁은 눈, 쌍꺼풀 없는 눈, 미간이 넓은 눈, 들어간 눈, 둥근 눈을 중심으로 수정 방법을 제시하였다.

표 3-3 눈 형태와 아이섀도 표현 방법

눈의 형태	표현 방법
작은 눈 	• 눈 주변을 중심으로 알로 기법 또는 스모키 기법으로 펴 바름 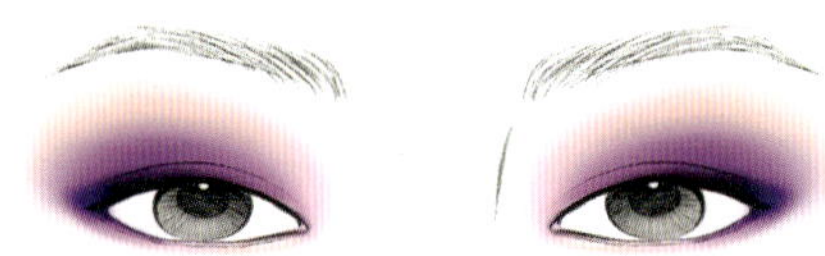
돌출된 눈 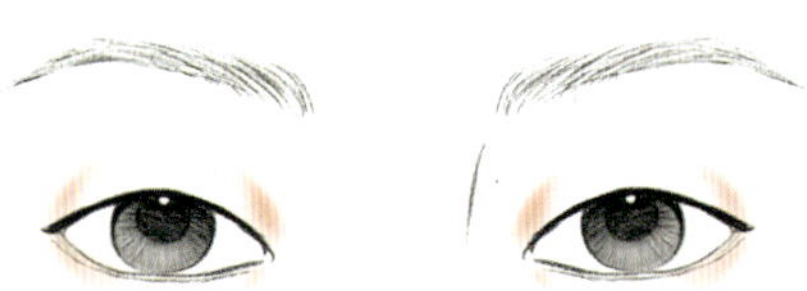	• 눈 주변이 차분하게 가라앉아 보일 수 있도록 짙은 브라운 색상이나 회색으로 아이 홀 부분까지 자연스럽게 펴 바름 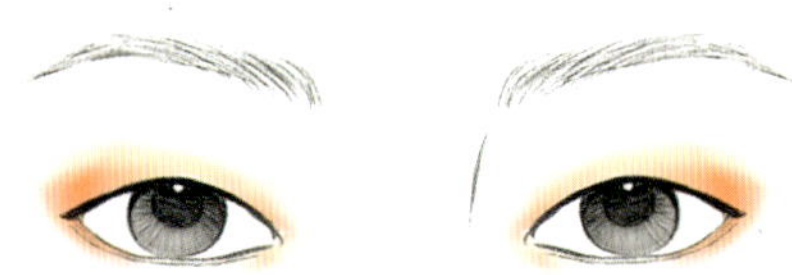
처진 눈 	• 눈꼬리 부분을 치켜 올려 강조 • 눈꼬리 부분에 진한 색상 사용 • 눈 밑 아이섀도 약하게 표현 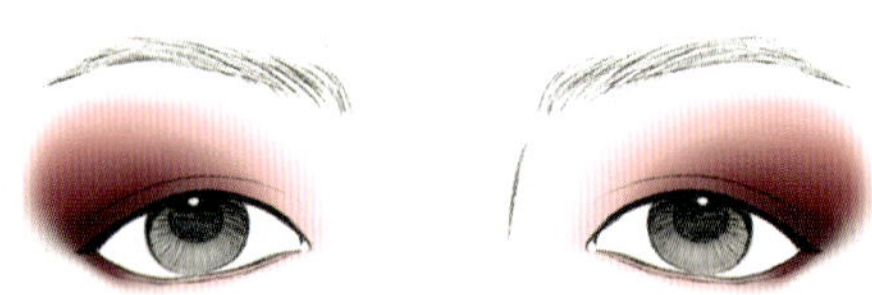
올라간 눈 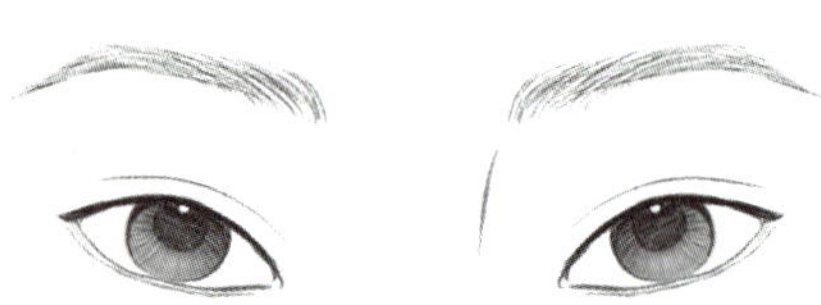	• 눈 아래 바깥 부분에 진한 색상의 아이 섀도를 펴 바름 • 눈 위 부분은 약하게 표현 • 눈 앞머리 부분은 밝게 처리 

눈의 형태	표현 방법
미간이 좁은 눈 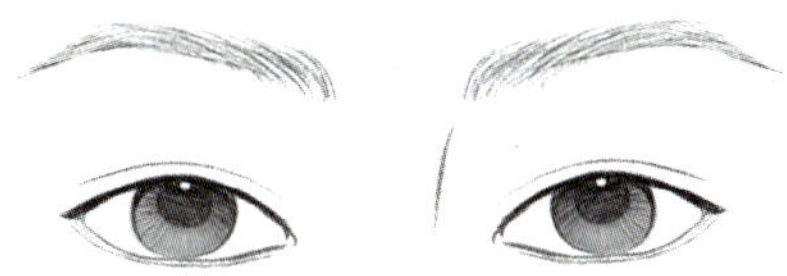	• 눈 앞머리 쪽에 밝은 색상 사용 • 눈 뒤 부분은 밖으로 연장하여 표현 
쌍꺼풀 없는 눈 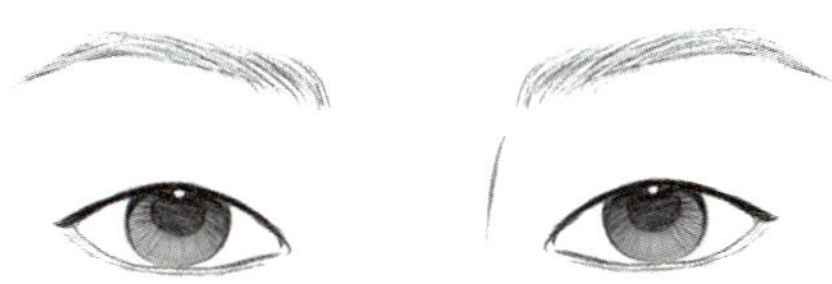	• 쌍꺼풀 라인으로 홀을 그려 음영을 줌 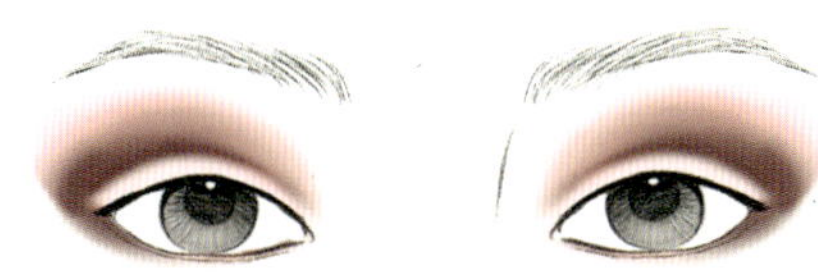
미간이 넓은 눈 	• 눈 앞머리 쪽에 진한 색상 사용 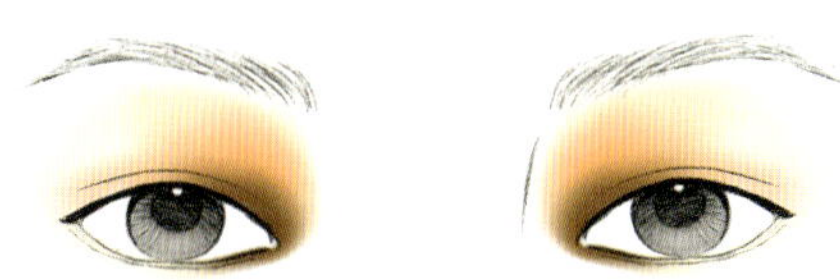
들어간 눈 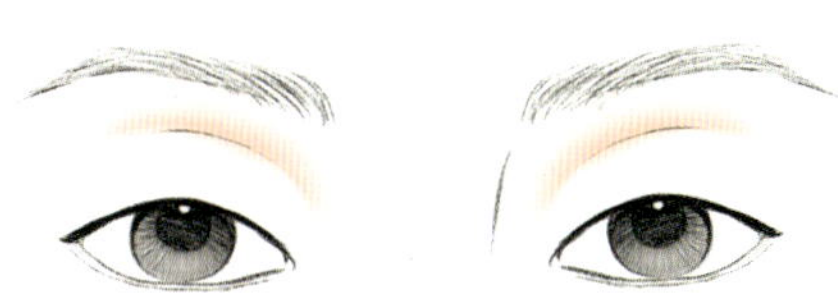	• 밝고 펄이 들어간 색상을 사용 • 눈두덩이 중앙 부분을 밝게 처리 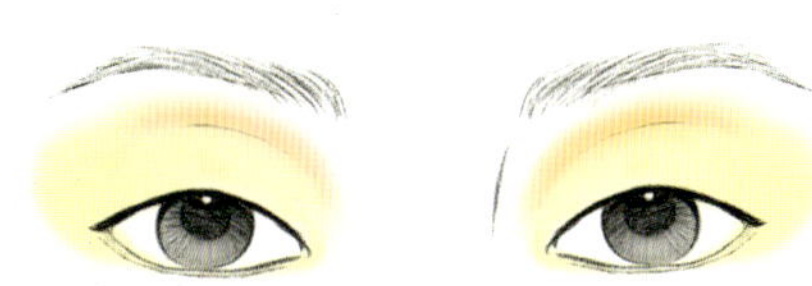
둥근 눈 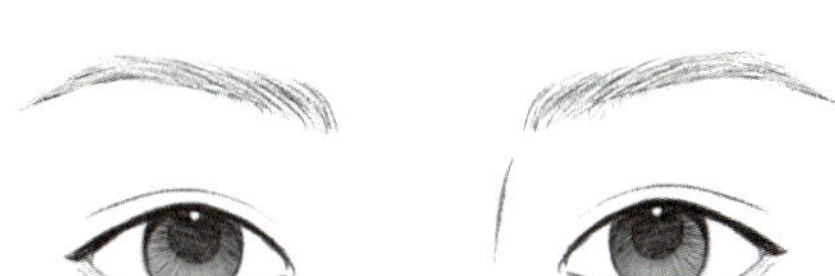	• 아이섀도 색상을 수평 방향으로 길게 연장하여 사용 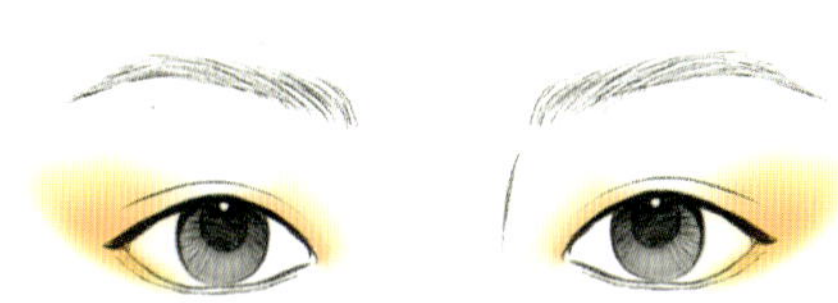

2. 아이 라이너 eye liner

(1) 기능

- 선명하고 또렷한 눈매 연출이 가능하다.
- 아이라이너 선의 방향과 위치에 따라 눈의 수정이 가능하다.

(2) 눈의 형태에 따른 표현방법

- 눈의 특징에 따라 아이라이너 표현 방법은 각기 다르다. 예를 들면, 작은 눈의 경우는 눈을 가능한 크게 보일 수 있도록 아이라인을 굵고 크게 그려주고, 처진 눈의 경우는 처진 부분이 올라가 보이도록 아이라인을 그려준다. 미간이 좁은 눈의 경우는 미간이 넓어 보일 수 있도록 눈 중앙 부분은 밝게 처리하고, 뒷부분으로 라인을 길게 빼서 눈의 길이를 연장한다. 미간이 넓은 눈의 경우는 미간 사이를 가능한 가깝게 붙이는 아이라인을 표현하여 미간 사이를 조절한다.

표 3-4 눈 형태와 아이 라이너 표현 방법

눈의 형태	표현 방법
작은 눈 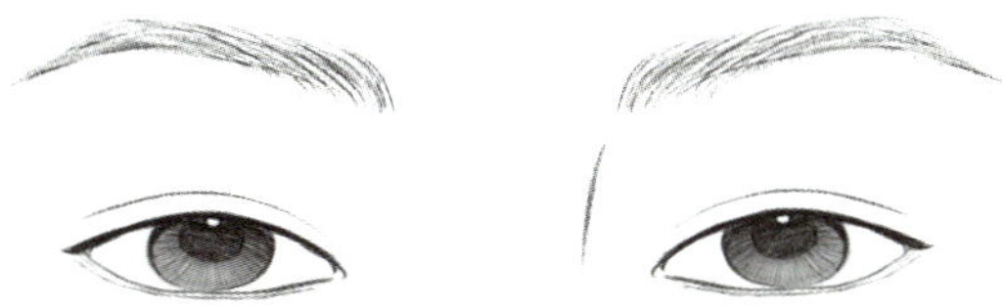	• 아이 라인은 두껍고 길게 확장 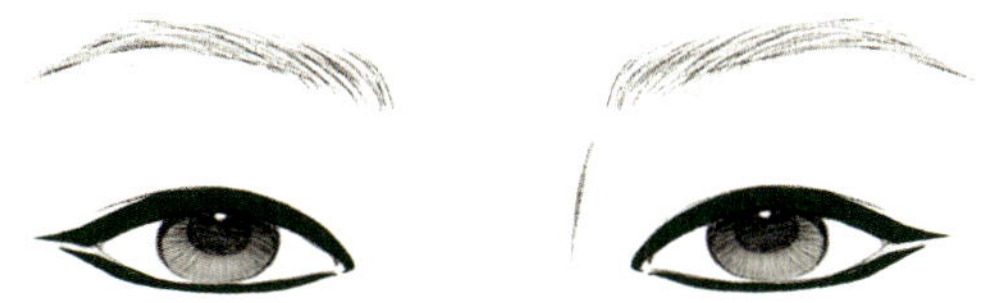
처진 눈 	• 눈꼬리 부분을 치켜 올려 강조 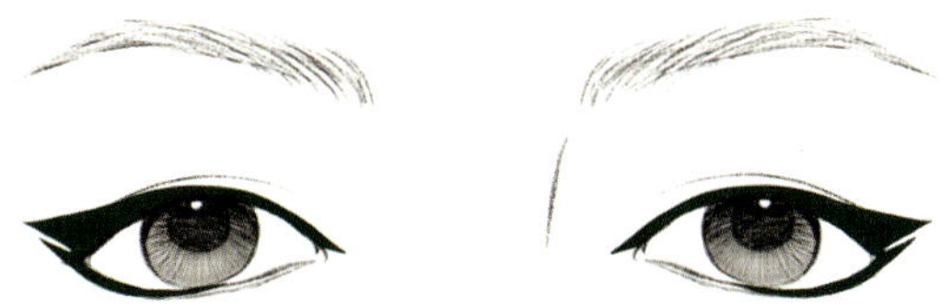
올라간 눈 	• 눈꼬리 부분을 아래로 길게 내려서 그림 
미간이 좁은 눈 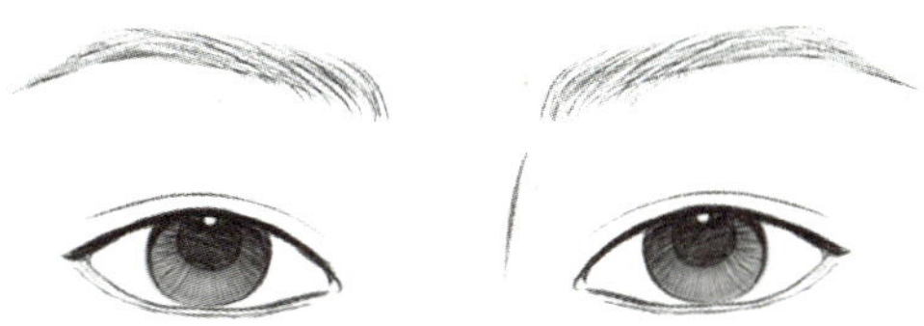	• 눈꼬리 방향으로 길게 연장 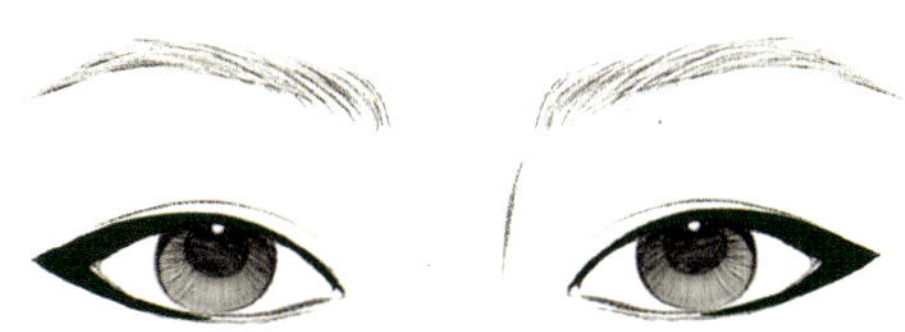
미간이 넓은 눈 	• 눈 앞머리 앞쪽으로 길게 빼줌 

3. 마스카라 Mascara

(1) 기능

- 마스카라는 자연 속눈썹 또는 인공 속눈썹을 풍성하고 좀 더 길게 보일 수 있도록 한다.
- 마스카라를 통해 눈매를 수정하여, 본래의 눈보다 더 또렷하고 깊이 있게 보일 수 있도록 한다.

(2) 표현방법

- 마스카라를 바르기 전에 아이래쉬 컬러를 이용하여 속눈썹을 올려준다. 이 때 속눈썹이 꺾이지 않도록 아이래쉬 컬러를 세 단계로 나누어서 올려준다.
- 눈의 시선을 아래로 향하게 한 후, 모델의 눈꺼풀을 살짝 잡아 올리고 마스카라를 이용하여 속눈썹부터 쓸어내린다. 속눈썹 안쪽 부분은 지그재그로 올려주며 바른다.
- 언더 부분은 브러시를 세워서 사용하며, 눈 밑 부분에 묻어나지 않도록 주의하며 발라준다.

4. 인조 속눈썹

(1) 기능

- 눈에 볼륨감과 음영을 주어 또렷하게 보일 수 있도록 한다.
- 속눈썹 형태와 길이로 눈매 보정이 가능하다.

(2) 표현방법

- 인조 속눈썹은 고객의 눈 길이에 맞춰 사이즈를 미리 잘라 놓는다. 속눈썹 전용 풀을 이용하여 인조 속눈썹 라인 안쪽에 적당한 양을 바른다.
- 족집게를 이용하여 접착이 잘 될 수 있도록 고정한 후 모델의 속눈썹 위에 붙여준다.

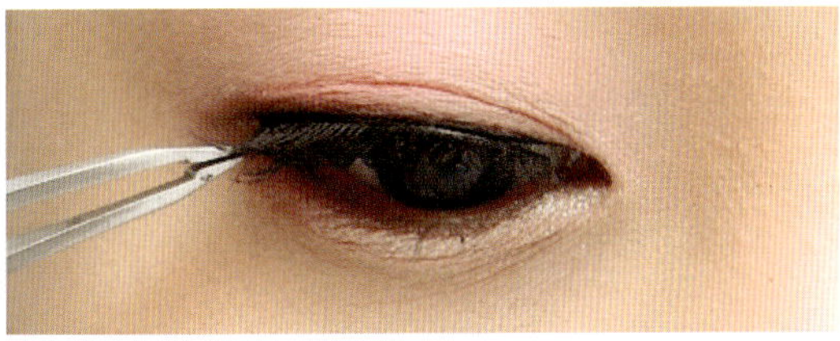

3 코(Nose)

(1) 기능

- 코의 길이와 넓이를 수정하여 전체적인 얼굴 균형이 맞도록 보완한다.
- 코 형태의 보완으로 이미지 개선이 가능하다.
- 입체적인 코 형태 연출이 가능하다.

(2) 표현방법

- 눈썹 앞머리 부분부터 시작하여 코 벽 부분에 섀이딩을 넣어준다.
- 하이라이트는 코의 길이나 콧방울의 크기를 고려하여 코 끝까지 또는 코 중앙 부분까지 표현해준다. 얼굴의 길이가 길어보이도록 하고 싶으면 코 끝까지 표현을 하고, 코를 조금 짧아 보이게 하고 싶으면 중앙 부분이나 코 위쪽에만 살짝 섀이딩을 넣어준다.

(3) 코 형태에 따른 수정 메이크업

- 코 형태에 따른 수정 방법으로는 기본적인 표현 방법과 짧은 코, 긴 코, 코볼이 작은 코, 코볼이 퍼진 코에 대한 수정방법에 대해 알아본다.

표 3-5 코 형태와 표현 방법

코의 형태	표현 방법
기본형 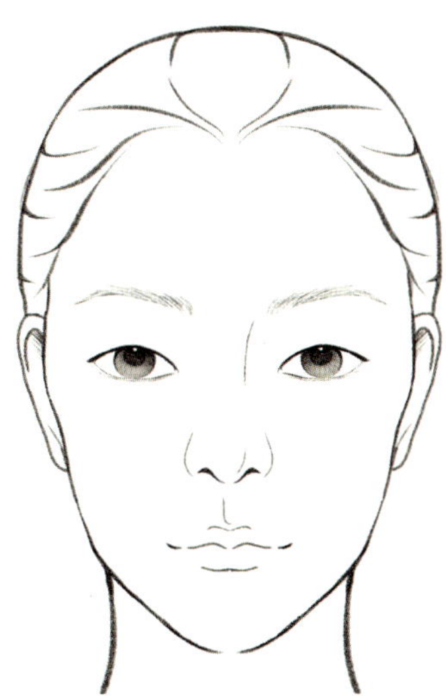	• T존에 하이라이트 사용 • 코 벽 부위에 노즈 섀이딩 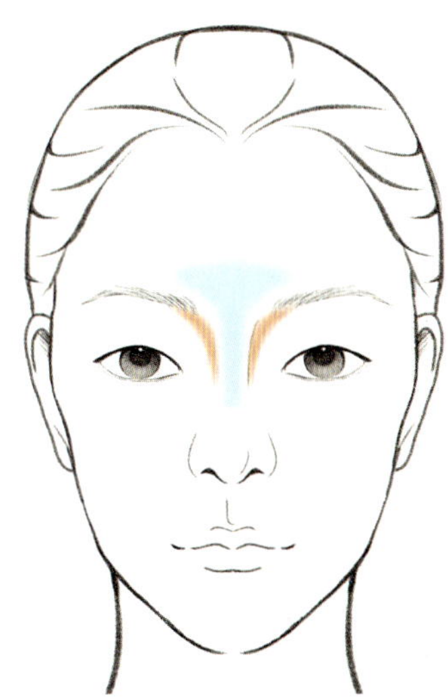

코의 형태	표현 방법
짧은 코 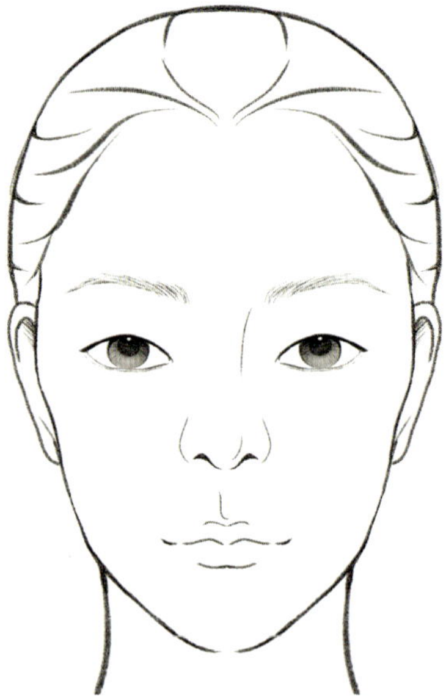	• 콧등 부위에 길게 하이라이트 처리 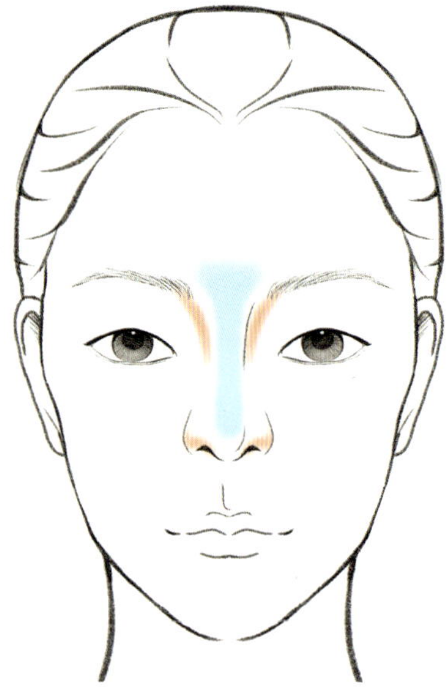
긴 코 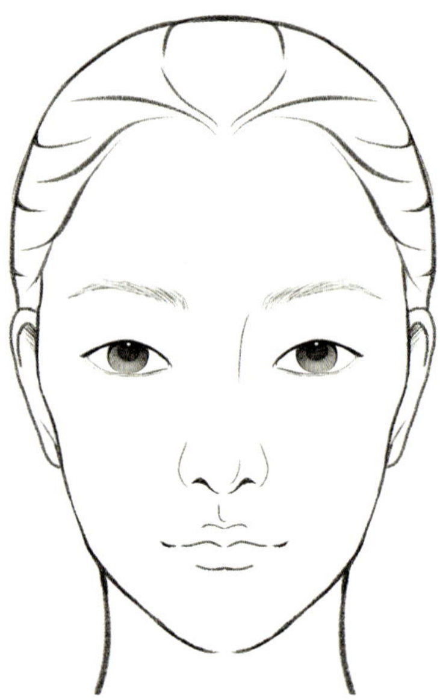	• 콧방울 아래 부분에 자연스러운 섀이딩 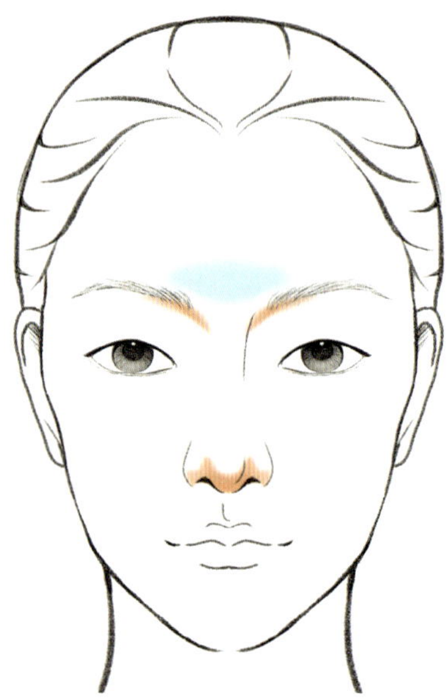

코의 형태	표현 방법
콧방울이 작은 코 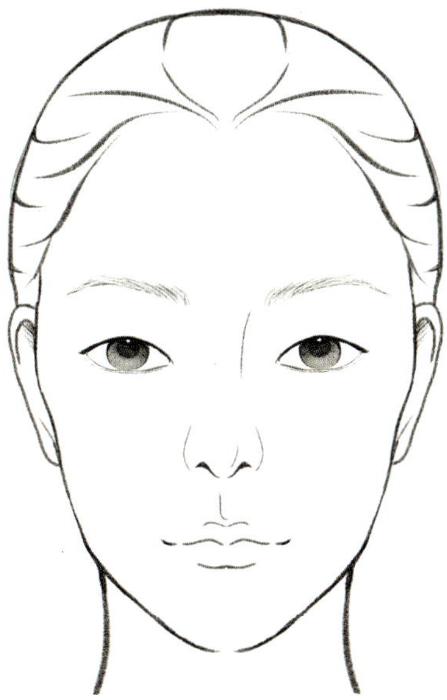	• 콧방울 부위에 하이라이트 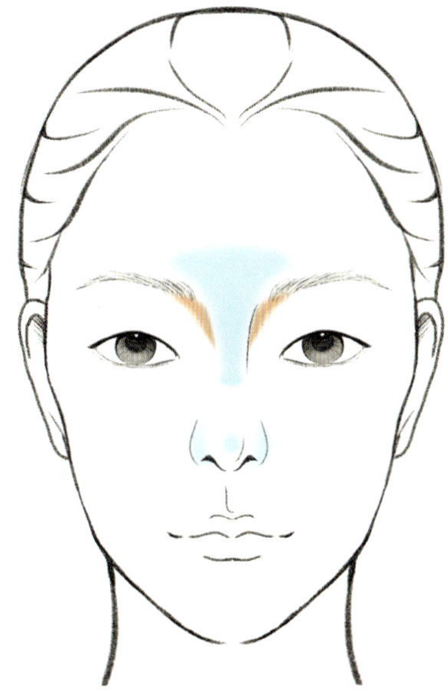
콧방울이 퍼진 코 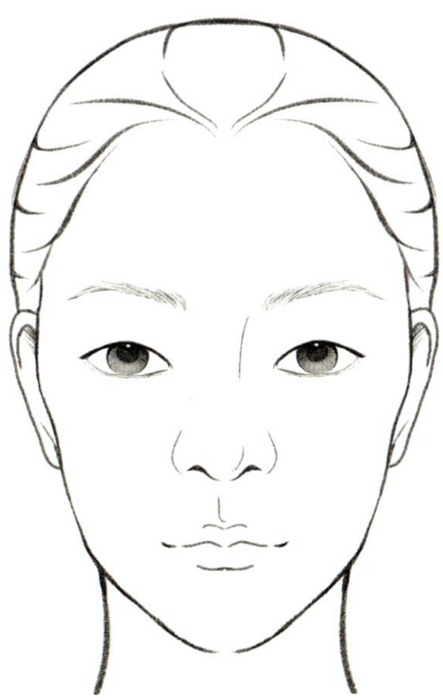	• 콧방울 부위에 섀이딩 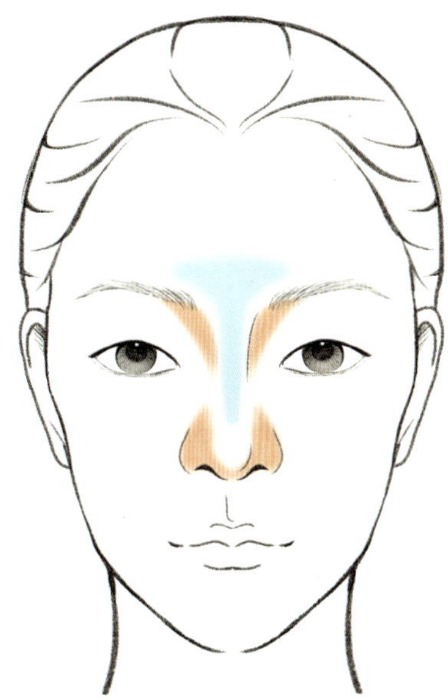

4 입술(Lip)

(1) 기능

- 입술 형태를 변화시켜 이미지를 개선한다.
- 색상으로 음영을 강조하여 입체감을 부여한다.
- 입술 형을 수정하고 입술윤곽을 뚜렷하게 표현한다.

(2) 표현방법

표 3-6 입술 선과 표현 방법

입술 선	표현 방법	그림
In-curve	• 입술 선 보다 1~2mm 정도 안에 선을 잡음	
Straight curve	• 입술 선을 직선으로 잡음	
Out curve	• 입술 선 보다 바깥쪽으로 선을 잡음	

(3) 입술 형태에 따른 수정 메이크업

- 입술 형태에 따른 수정 방법으로는 기본적인 방법과 두꺼운 입술, 얇은 입술, 쳐진 입술, 튀어나온 입술에 대한 수정방법이 있다.

표 3-7 입술 형태의 표현방법

입술 형태	표현 방법
기본형 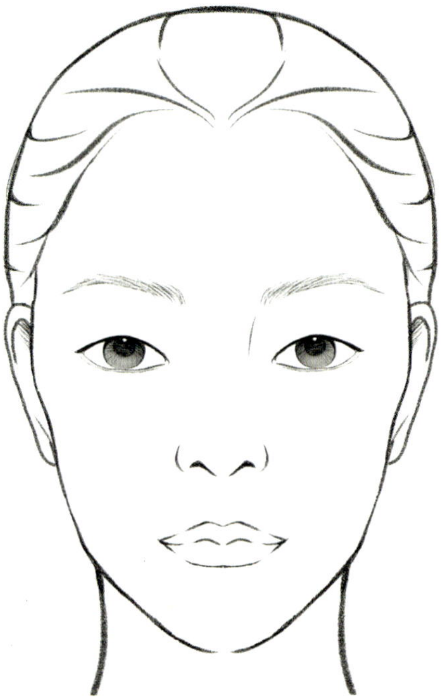	• 윗입술과 아랫입술 비율은 1:1.5 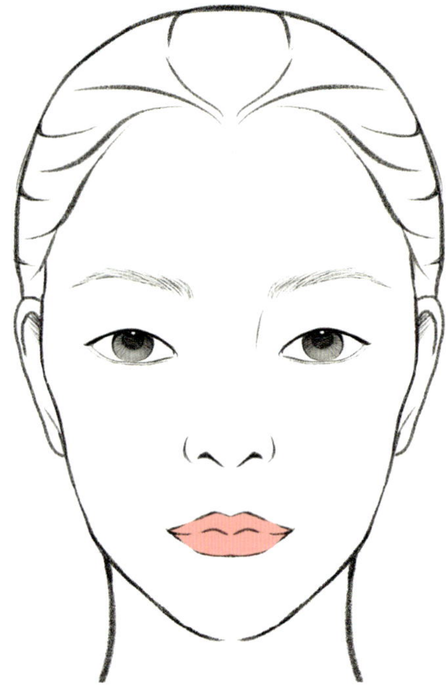
두꺼운 입술 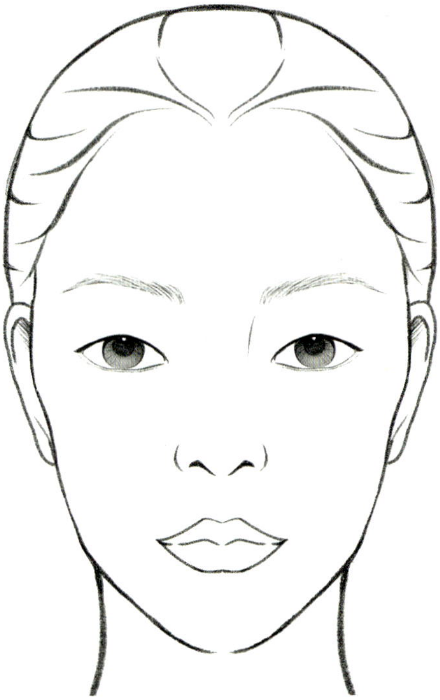	• 입술 선보다 1mm정도 안에 선을 잡음 

입술 형태	표현 방법
얇은 입술 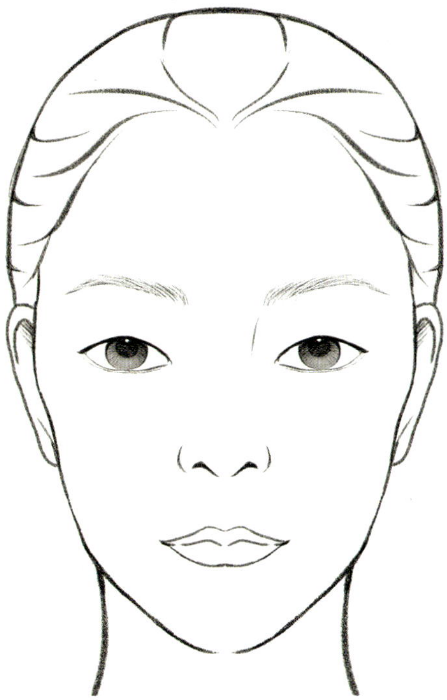	• 입술 선보다 1mm정도 밖에 선을 잡음 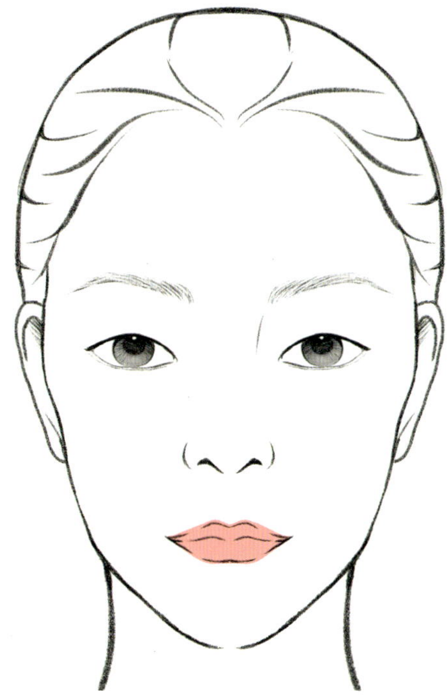
처진 입술 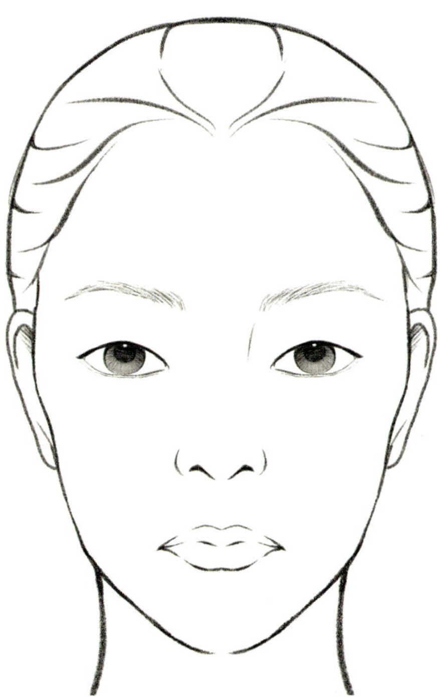	• 입 끝 부분을 살짝 올려서 선을 잡음 

입술 형태	표현 방법
작은 입술 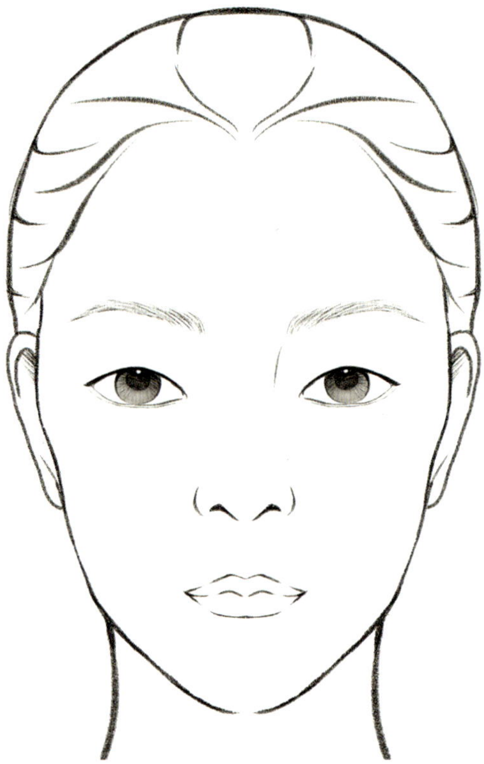	• 원래 입술보다 아웃커브로 선을 잡음 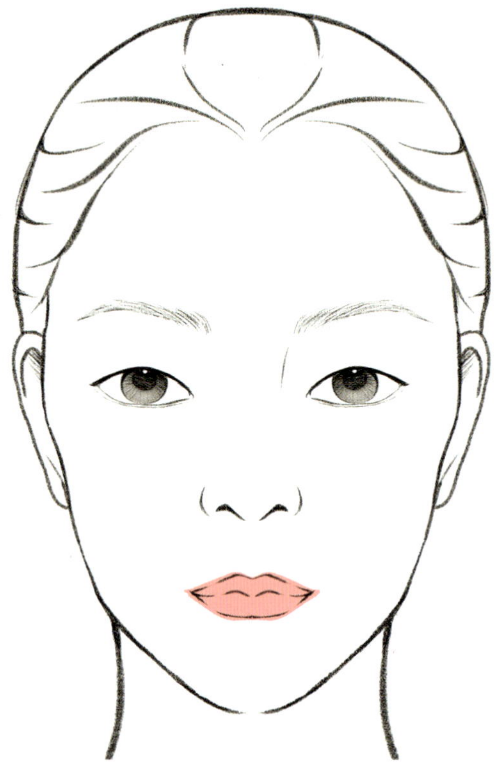

5 볼

(1) 기능

- 얼굴형 수정 및 이미지를 개선한다.
- 얼굴에 혈색을 부여한다.
- 입체감 있는 얼굴 표현이 가능하다.

(2) 이미지별 표현방법

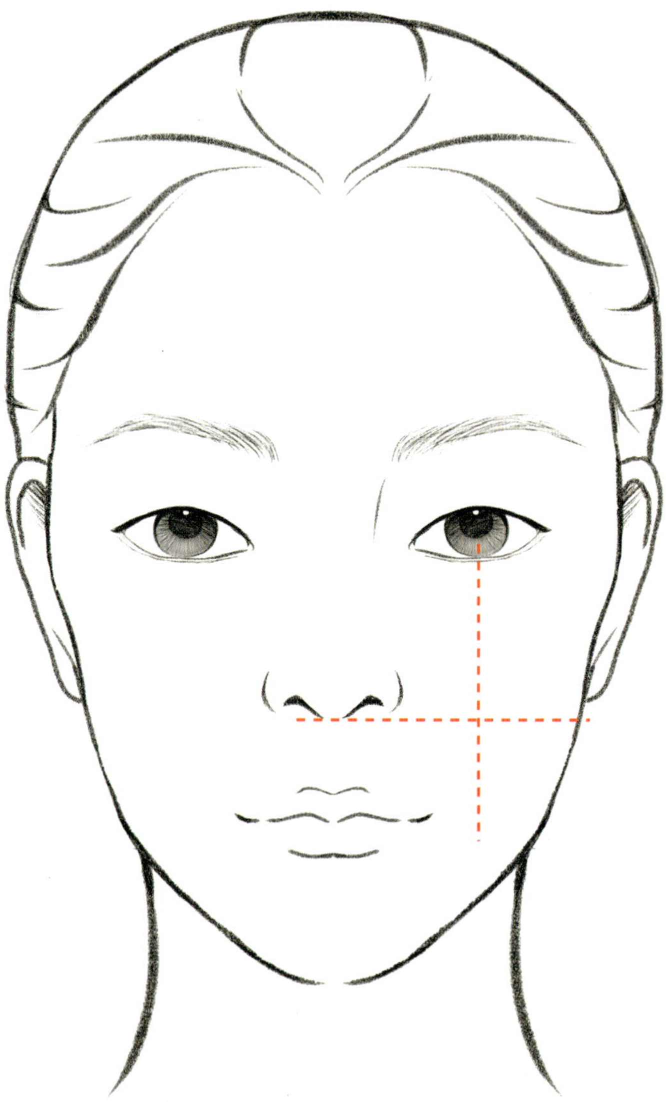

일반적인 블러셔 위치

표 3-8 이미지 블러셔 표현방법

표현방법	표현방법
귀여운 이미지 • 볼 중앙이나 광대뼈 중심으로 둥글게 표현 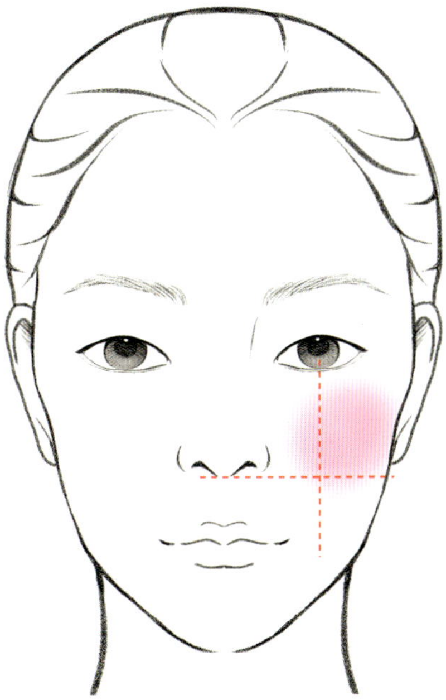	세련된 이미지 • 볼 뼈 아래 턱 선으로 사선 표현 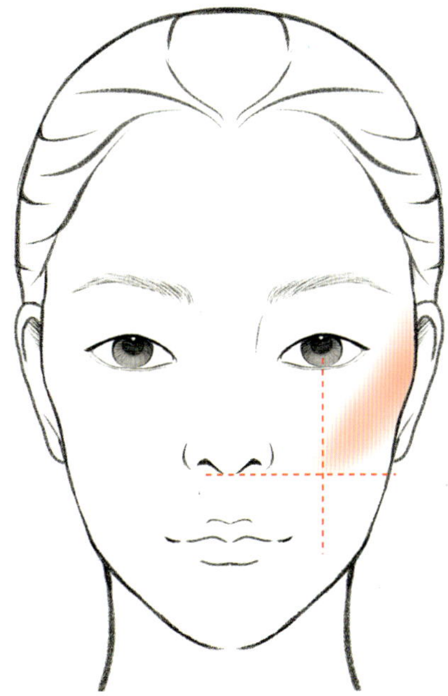
활동적 이미지 • 볼 뼈 아래 부분으로 수평하게 표현 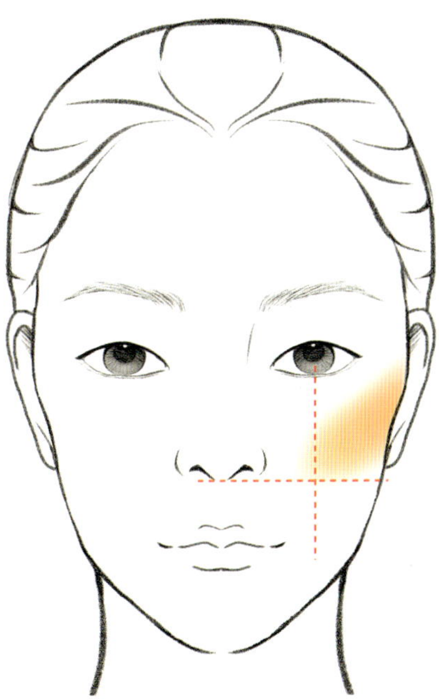	여성스런 이미지 • 볼 뼈를 중심으로 관자놀이 방향으로 표현 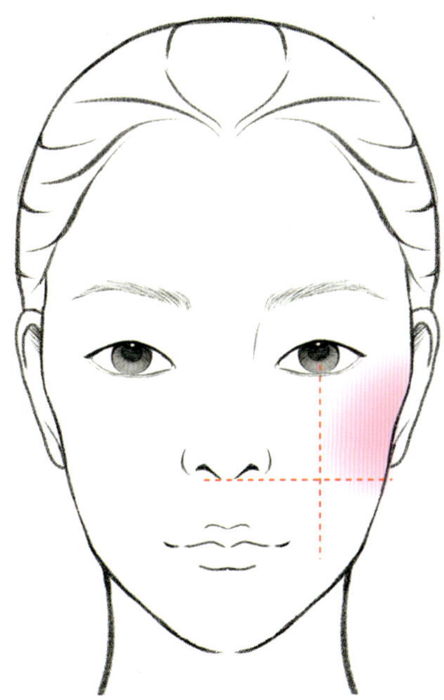

PART Ⅳ

Image Make-up

1. 내츄럴(Natural Make-up)
2. 봄 메이크업(Spring Make-up)
3. 여름 메이크업(Summer Make-up)
4. 가을 메이크업(Fall Make-up)
5. 겨울 메이크업(Winter Make-up)

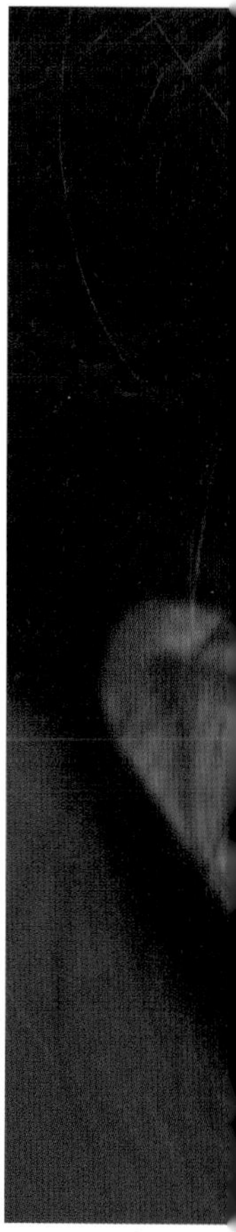

B a s i c

M a k e - u p

CHAPTER 1

내츄럴 (Natyral Make-up)

1 내츄럴 메이크업(Natural Make-up)

<table>
<tr><th colspan="4">Natural Make-up</th></tr>
<tr><td rowspan="2">Model</td><td colspan="2">이름</td><td></td></tr>
<tr><td colspan="2">특징</td><td></td></tr>
<tr><td rowspan="5">Base</td><td colspan="2">Make-up base</td><td></td></tr>
<tr><td colspan="2">Foundation</td><td></td></tr>
<tr><td colspan="2">Hi-light</td><td></td></tr>
<tr><td colspan="2">Shadow</td><td></td></tr>
<tr><td colspan="2">Powder</td><td></td></tr>
<tr><td rowspan="8">Eye
Make-up</td><td colspan="2">Eyebrow</td><td></td></tr>
<tr><td rowspan="4">Eye Shadow</td><td>Base color</td><td></td></tr>
<tr><td>Gradation color</td><td></td></tr>
<tr><td>Point color</td><td></td></tr>
<tr><td>Hi−light color</td><td></td></tr>
<tr><td colspan="2">Eye Line</td><td></td></tr>
<tr><td colspan="2">Mascara</td><td></td></tr>
<tr><td colspan="2">기타</td><td></td></tr>
<tr><td>Cheek</td><td colspan="2">Color</td><td></td></tr>
<tr><td rowspan="2">Lip
Make-up</td><td colspan="2">Lip color</td><td></td></tr>
<tr><td colspan="2">기타</td><td></td></tr>
<tr><td>마무리</td><td colspan="3"></td></tr>
</table>

내츄럴 일러스트 (Natural Illustration)

1. 특징

- 메이크업의 색조가 강조되지 않는 자연스러운 메이크업이다.

2. 부위별 메이크업 방법

(1) 베이스 메이크업Base Make-up

① 메이크업 베이스 Make-up Base

- 피부색에 맞춰 색상을 선택한다.

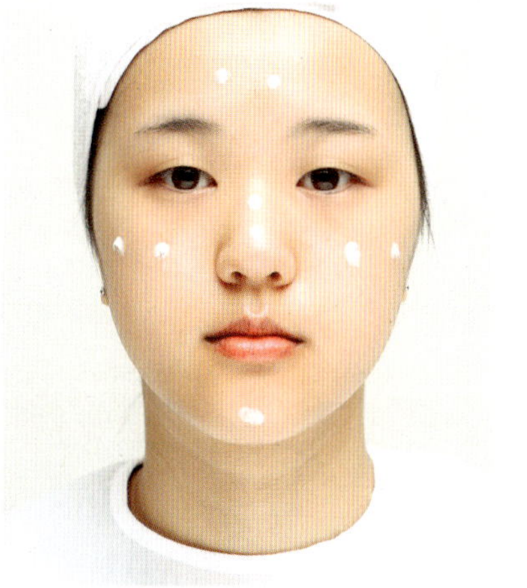

② 파운데이션 Foundation

- 리퀴드 타입이나 크림 타입을 선택한다.
- 눈 밑 그림자, 표정 주름, 관자놀이 부위에 하이라이트를 처리한다.

1

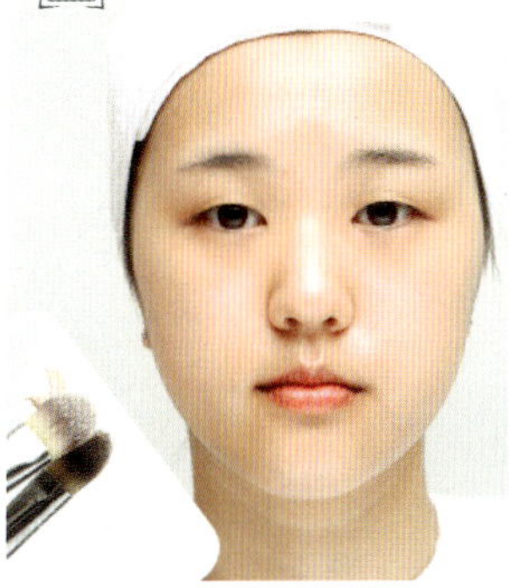

2

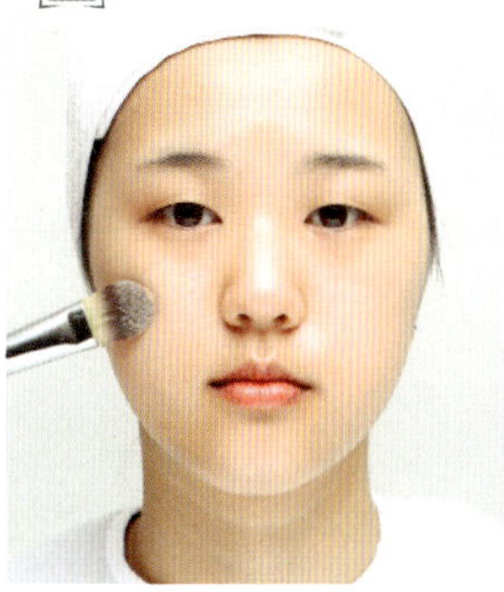

3

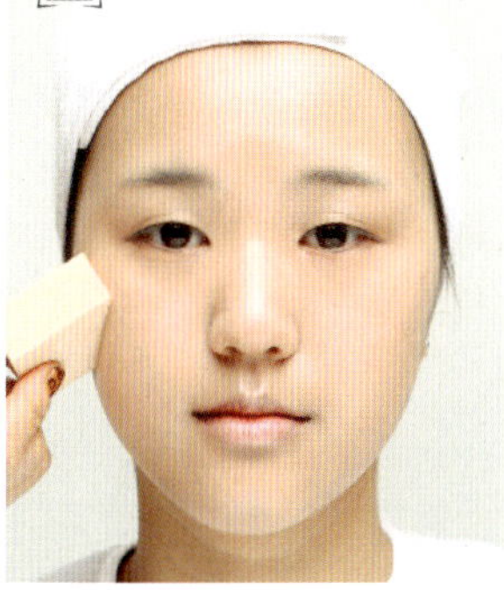

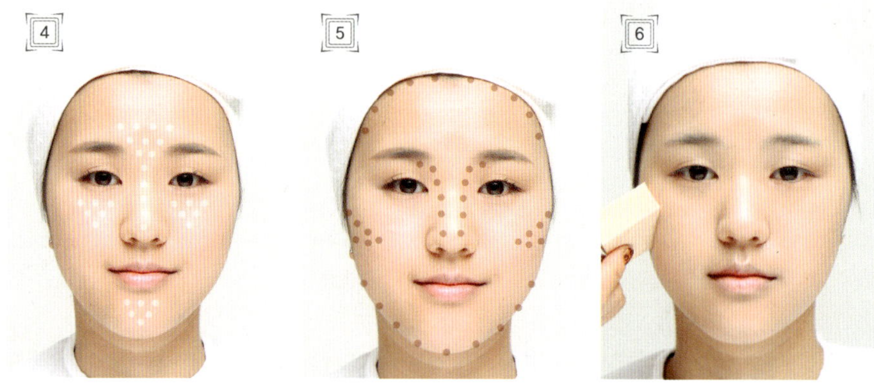

③ **파우더**Powder

- 주로 투명 파우더를 사용한다. 고객의 피부색을 고려하여 선택한다.

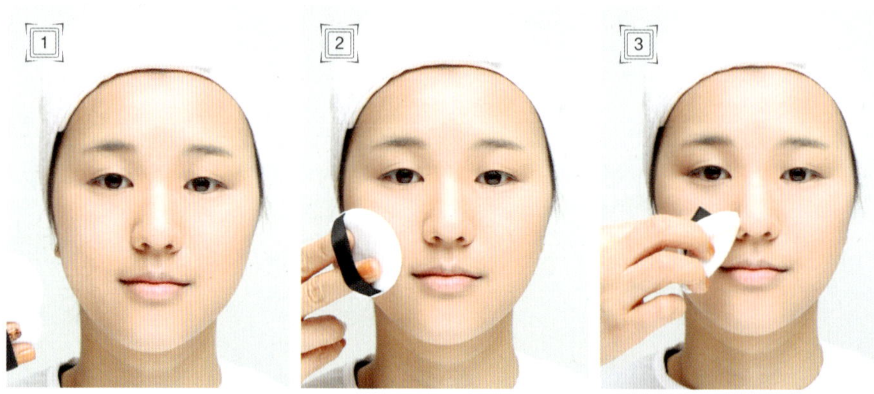

(2) 눈 메이크업Eye Make-up

① **눈썹**Eye-Brow

- 고객의 눈썹 형태를 유지하면서 수정한다.
- 아이브로 브러시Eye Brow Brush 또는 나선형 브러시스크류 브러시로 눈썹을 쓸어준다.
- 아이브로 펜슬을 사용하여 눈썹을 수정한다.

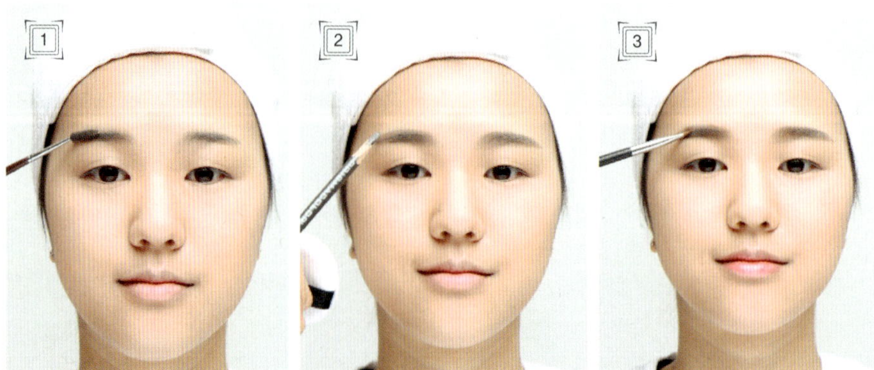

② **아이섀도**Eye shadow

자연스러운 색감 표현을 위해 연한 갈색 또는 분홍색으로 음영 표현을 한다.

③ **아이라인**Eye line

- 젤 타입 또는 펜슬 타입의 아이라이너를 이용하여 속눈썹 사이를 채워 자연스럽게 아이섀도와 블랜딩한다.

④ **아이래쉬 컬러**Eyelash curler

- 아이래쉬 컬러를 이용하여 속눈썹을 집어준다. 속눈썹이 꺾이지 않도록 주의한다.

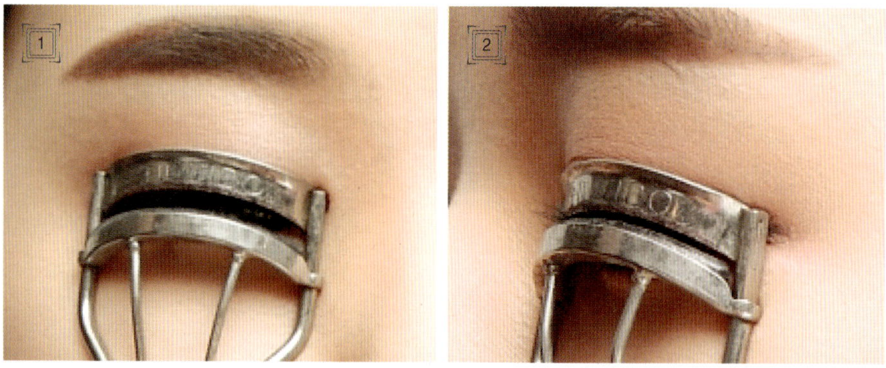

⑤ **마스카라**Mascara

- 검정색 또는 투명 마스카라를 이용하여 자연스럽게 표현한다.

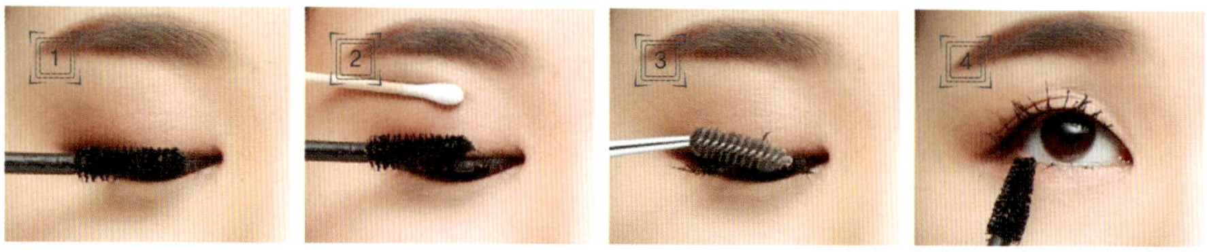

(3) 입술 메이크업Lip Make-up

- 연갈색 립 라이너를 이용하여 입술 선을 수정한다.
- 립글로스를 립 브러시Lip Brush에 묻혀 입술 선 부분을 자연스럽게 펴 발라준다.
- 마지막으로 티슈로 가볍게 눌러 번들거림을 잡아준다.

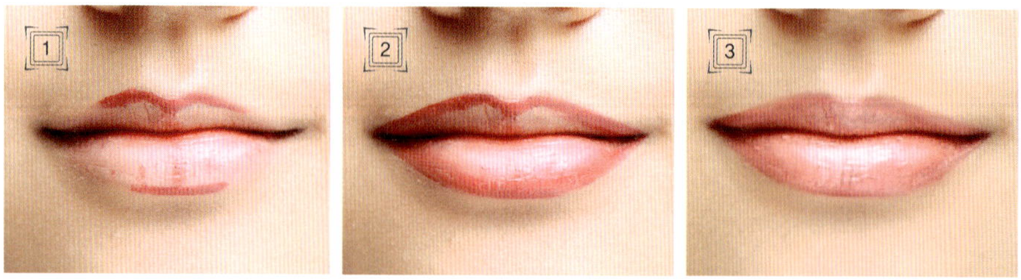

(4) 볼 메이크업Cheek Make-up

볼 부분에 혈색을 부여할 정도로만 자연스럽게 펴 발라준다.

앞

뒤

(5) 마무리

- 입체감을 위해 파우더 섀도를 이용하여 눈 밑, 이마, 턱 부분에 자연스럽게 하이라이트를 처리한다.
- 페이스라인과 헤어라인에 고객의 얼굴형을 고려하여 섀이딩 처리를 해준다.
- 노즈 섀이딩 처리로 입체적인 윤곽 표현 및 코 수정을 해준다.

hi-ghlight

shading

Nose shading

CHAPTER 2

Spring Make-up
봄 메이크업

Spring image map

2 봄 메이크업(Spring Make-up)

<table>
<tr><th colspan="4">Spring Make-up</th></tr>
<tr><td rowspan="2">Model</td><td colspan="2">이름</td><td></td></tr>
<tr><td colspan="2">특징</td><td></td></tr>
<tr><td rowspan="5">Base</td><td colspan="2">Make-up base</td><td></td></tr>
<tr><td colspan="2">Foundation</td><td></td></tr>
<tr><td colspan="2">Hi-light</td><td></td></tr>
<tr><td colspan="2">Shadow</td><td></td></tr>
<tr><td colspan="2">Powder</td><td></td></tr>
<tr><td rowspan="8">Eye
Make-up</td><td colspan="2">Eyebrow</td><td></td></tr>
<tr><td rowspan="4">Eye Shadow</td><td>Base color</td><td></td></tr>
<tr><td>Gradation color</td><td></td></tr>
<tr><td>Point color</td><td></td></tr>
<tr><td>Hi−light color</td><td></td></tr>
<tr><td colspan="2">Eye Line</td><td></td></tr>
<tr><td colspan="2">Mascara</td><td></td></tr>
<tr><td colspan="2">기타</td><td></td></tr>
<tr><td>Cheek</td><td colspan="2">Color</td><td></td></tr>
<tr><td rowspan="2">Lip
Make-up</td><td colspan="2">Lip color</td><td></td></tr>
<tr><td colspan="2">기타</td><td></td></tr>
<tr><td>마무리</td><td colspan="3"></td></tr>
</table>

봄 일러스트 (Spring Illustration)

1. 특징

- 봄은 만물이 생동하는 계절로 갓 피어난 연두빛 새싹과 울긋불긋 피어나는 꽃이 연상되는 계절이다. 봄은 새롭게 시작하는 신선함과 따뜻한 봄 햇살로 인해 온화하고 평화로운 이미지를 연상하게 한다.
- 봄을 대표하는 주 색상은 노란색, 분홍색, 주황색, 연두색과 같이 채도가 높고 화사한 색상이다.
- 봄 메이크업의 특징은 봄의 이미지에 맞게 화사하면서도 진하지 않은 색과 선의 사용으로 자연스러운 이미지를 연출한다.

2. 부위별 메이크업 방법

(1) 베이스 메이크업Base Make-up

① 메이크업 베이스 Make-up Base

- 메이크업 베이스를 선택할 때는 봄의 화사함을 표현할 수 있는 분홍색이나 보라색, 화이트 펄 베이스와 같은 색상을 선택한다.
- 붉은 피부는 초록색 메이크업 베이스를 사용하고, 어두운 피부의 경우는 오렌지 색상의 메이크업 베이스를 사용하는 것이 효과적이다.

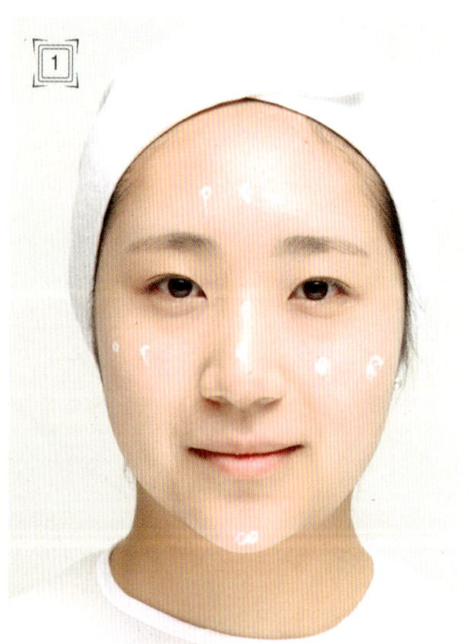

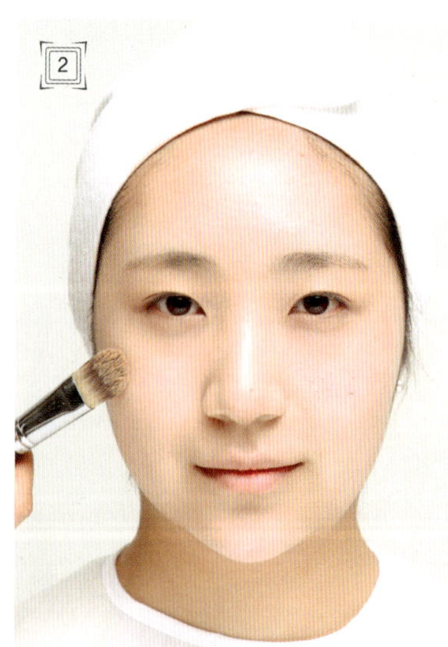

② **파운데이션**Foundation

- 피부 표현에 들어가기에 앞서, 피부의 결점 부분상처, 주근깨, 여드름, 기미 등을 컨실러Concealer를 이용하여 1차 결점 커버를 한다.
- 얼굴 피부 표현에 사용하는 파운데이션은 리퀴드Liquid나 크림Cream과 같은 가벼운 제형의 제품을 선택하고, 얼굴 전체에 고루 펴 바른다.
- 파운데이션을 바를 때 사용하는 도구는 파운데이션용 브러시나 라텍스 스펀지이며, 손가락을 사용하여 얼굴 전체에 펴 바르는 방법도 사용된다.

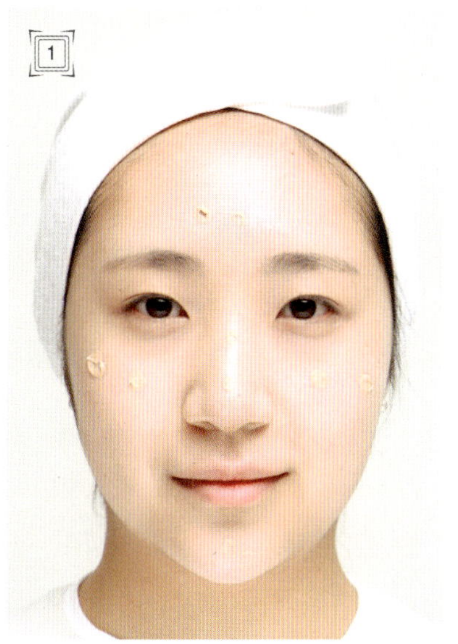

• 하이라이트를 이용하여 음영이 진 부분을 밝게 처리해 준다. 반드시 눈 밑 그림자, 표정 주름, 관자놀이 부위는 하이라이트 처리를 한다.

1

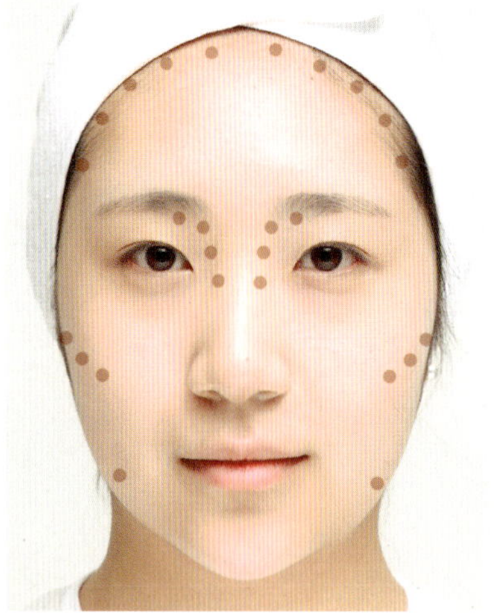

2

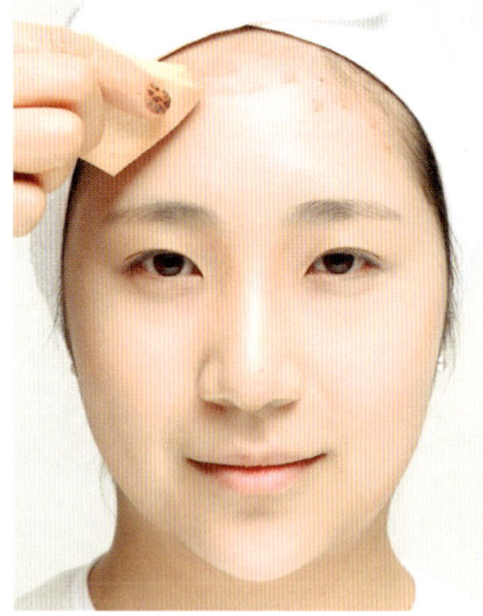

• 섀이딩은 넓은 이마나 튀어나온 볼과 턱, 코 벽 부분에 넣어서 얼굴의 크기가 음영 효과로 축소되어 보일 수 있도록 한다. 만약 고객의 얼굴에서 이마가 좁은 경우라면, 이마 부분에 섀이딩을 하지 않는 것이 좋으며, 긴 얼굴일 경우에는 광대뼈 부분의 섀이딩이 정면에서 보았을 때 보이지 않을 정도여야 한다. 정면에서 보일 정도까지 섀이딩이 보이면, 얼굴이 더 좁아 보여서 얼굴이 더 길어 보이게 된다.

1

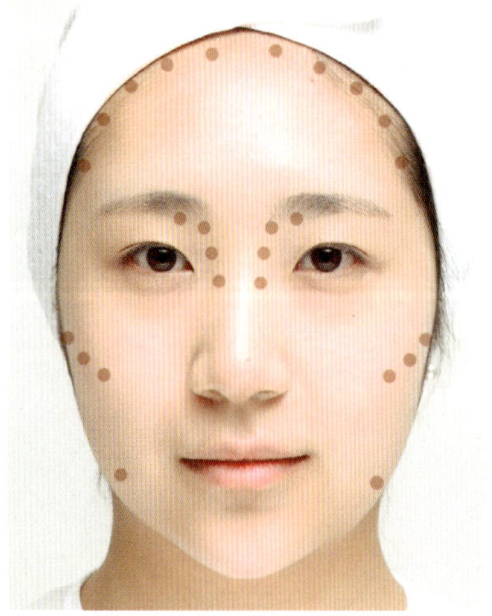

2

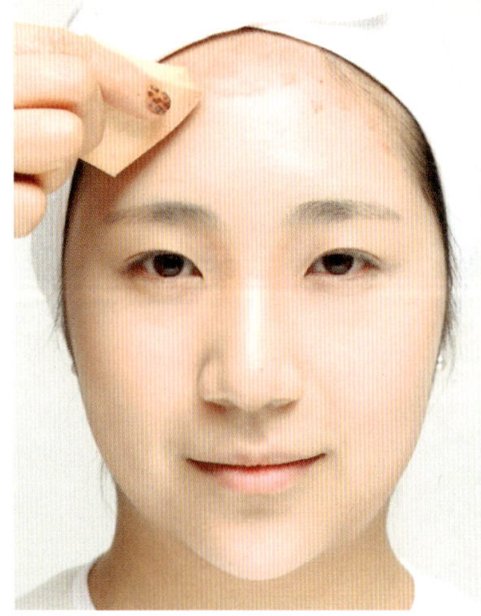

③ **파우더**Powder

- 파우더의 색상은 봄의 화사함이 표현될 수 있도록 투명 파우더나 분홍색 파우더를 사용한다.
- 파우더를 바르는 순서는 턱에서부터 볼, 이마, 코 중앙 부분, 눈두덩이이와 눈 밑, 콧망울 부분, 입술 끝 부분 순서로 꼼꼼하게 바른다.
- 파우더를 바른 후에는 반드시 남은 파우더는 털어낸다.

1

2

(2) 눈 메이크업Eye Make-up

① 눈썹Eye-Brow

- 고객의 눈썹 형태를 유지하면서 수정한다.
- 아이브로우 브러시 또는 나선형 브러시스크류 브러시로 눈썹을 쓸어준다.
- 아이브로우 펜슬또는 애보니 펜슬을 이용하여 눈썹형태를 그린다.
- 수정된 눈썹 위에 아이섀도를 이용하여 색을 넣어 마무리한다.

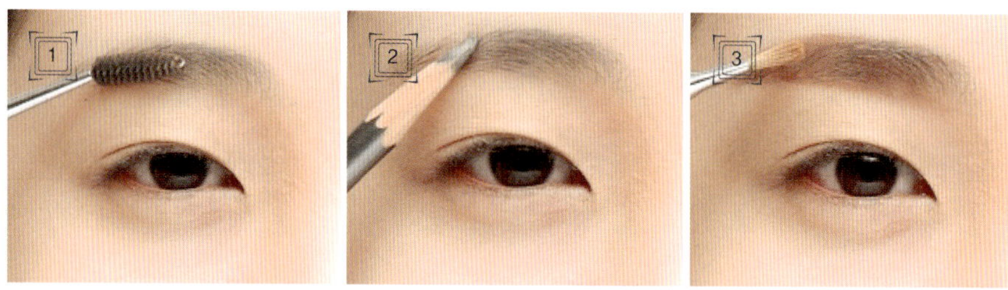

② 아이섀도Eye shadow

- 눈두덩이 전체에 베이스 색상으로 아이스 핑크 색상을 펴 바른다.
- 가로 방향으로 연한 핑크 색상을 아이 홀선 부분까지 펴 바른다.
- 포인트 색상은 진한 핑크 색상으로 눈꺼풀까지 펴 바른다.
- 눈 아래 부분에도 연한 핑크와 진한 핑크 색상의 아이섀도를 발라준다.

③ **아이라인**Eye line

갈색 또는 검정색의 젤 라이너또는 아이라이너 펜슬을 사용하여 속눈썹 바로 윗부분에 자연스럽게 표현한다.

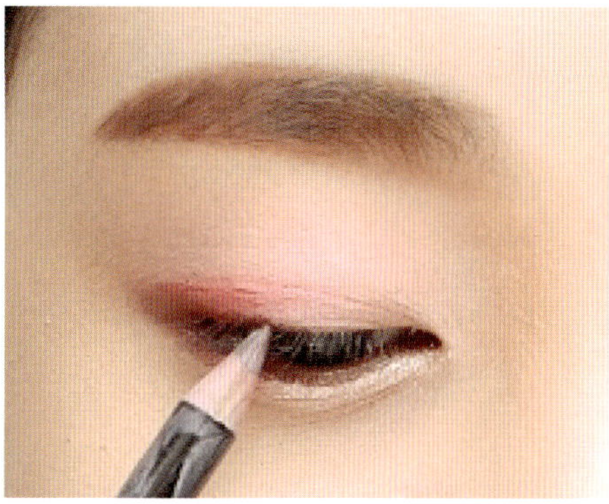

④ **마스카라**Mascara

- 마스카라를 사용하기 전에 아이래쉬 컬러로 속눈썹을 위로 올린다.
- 검정색또는 갈색 마스카라를 이용하여 자연스럽게 표현한다.
- 첫 번째, 위 속눈썹을 안쪽에서 바깥쪽으로 고르게 바른다.
- 두 번째, 위 속눈썹을 위에서 아래로 쓸어주듯이 고르게 발라준다.
- 세 번째, 마스카라를 세워서 아래 속눈썹을 고르게 발라준다.
- 마지막으로 마스카라가 눈 주변에 묻지 않도록 투명 마스카라를 이용하여 위아래를 고르게 발라준다.

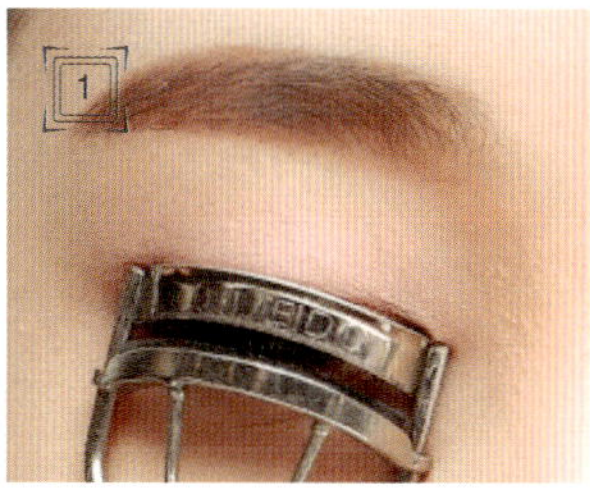

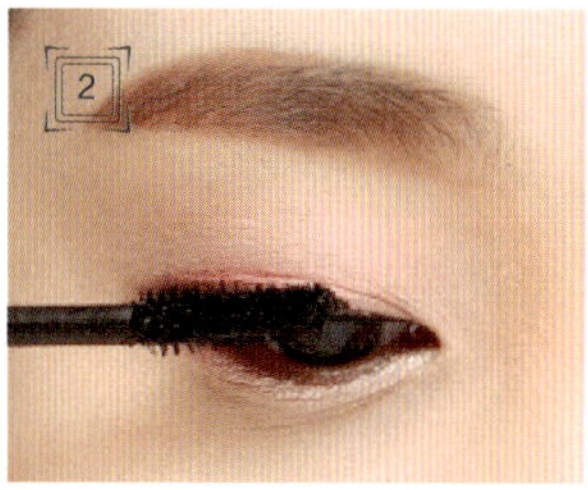

(3) 인조 속눈썹 붙이기

눈의 길이에 맞게 인조 속눈썹을 자른 후, 인조 속눈썹 전용 풀을 사용하여 자연 속눈썹 바로 윗부분에 붙여준다.

(4) 입술 메이크업Lip Make-up

- 연한 핑크색 립스틱을 입술 전체에 고르게 발라준다.
- 입술 중앙 부분에 진한 핑크색 립스틱 색상을 바른다.
- 립 브러시면봉 사용 가능를 이용하여 진한 색과 연한 색이 잘 섞이도록 펴 발라준다.

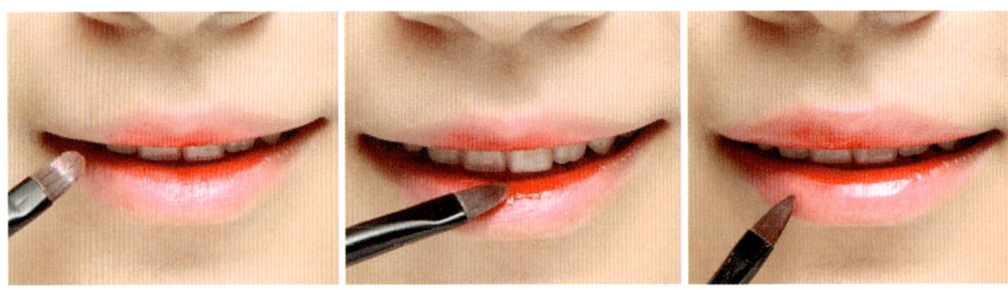

(5) 볼 메이크업Cheek Make-up

- 연한 핑크 색상의 블러셔 제품을 치크 전용 브러시에 묻혀서 사용한다.
- 귀 중앙 부분 앞에서부터 광대뼈 부분까지 브러시를 45° 눕혀서 발라준다.
- 광대뼈 부분으로 갈수록 손목에 힘을 빼고 자연스럽게 빼준다.

(6) 얼굴 윤곽 섀이딩

- 윤곽 섀이딩 브러시를 이용하여 헤어라인 부분과 광대뼈 부분, 턱 부분에 음영처리를 해준다.
- 음영처리를 해줄 때는 경계선이 생기지 않도록 손목의 힘을 조절하여 가볍게 처리한다.

(7) 하이라이트 마무리

- 입체적인 느낌을 주어야 할 부분인 T-Zone과 눈 밑, 턱 부분에 하이라이트용 전용 브러시를 사용하여 하이라이트를 넣어준다.
- 하이라이트 색상은 흰색, 흰색 펄, 아이스 핑크 등의 색상이 사용된다.

Spring Make-up

CHAPTER 3

Summer Make-up
여름 메이크업

Summer image map

3 여름 메이크업(Summer Make-up)

<table>
<tr><th colspan="4">Summer Make-up</th></tr>
<tr><td rowspan="2">Model</td><td>이름</td><td colspan="2"></td></tr>
<tr><td>특징</td><td colspan="2"></td></tr>
<tr><td rowspan="5">Base</td><td>Make-up base</td><td colspan="2"></td></tr>
<tr><td>Foundation</td><td colspan="2"></td></tr>
<tr><td>Hi-light</td><td colspan="2"></td></tr>
<tr><td>Shadow</td><td colspan="2"></td></tr>
<tr><td>Powder</td><td colspan="2"></td></tr>
<tr><td rowspan="8">Eye Make-up</td><td>Eyebrow</td><td colspan="2"></td></tr>
<tr><td rowspan="4">Eye Shadow</td><td>Base color</td><td></td></tr>
<tr><td>Gradation color</td><td></td></tr>
<tr><td>Point color</td><td></td></tr>
<tr><td>Hi−light color</td><td></td></tr>
<tr><td>Eye Line</td><td colspan="2"></td></tr>
<tr><td>Mascara</td><td colspan="2"></td></tr>
<tr><td>기타</td><td colspan="2"></td></tr>
<tr><td>Cheek</td><td>Color</td><td colspan="2"></td></tr>
<tr><td rowspan="2">Lip Make-up</td><td>Lip color</td><td colspan="2"></td></tr>
<tr><td>기타</td><td colspan="2"></td></tr>
<tr><td>마무리</td><td colspan="3"></td></tr>
</table>

여름 일러스트 (Summer Illustration)

1. 특징

- 여름은 녹음방초의 계절로 신록이 우거지고 햇살이 강렬한 풍경이 연상되는 계절이다. 여름은 식물들의 색이 진해지고 꽃이 만발하며, 향기는 짙어지는 시기로 무더위와 바캉스의 계절이기도 하다.
- 여름을 대표하는 주 색상은 짙은 초록색과 파란색으로 기본색 톤의 색감이다.
- 여름 메이크업의 특징은 태양 빛에 그을린 느낌의 피부 톤과 반짝거리는 펄의 느낌이 들어가 있는 이미지이다.

2. 부위별 메이크업 방법

(1) 베이스 메이크업Base Make-up

① 메이크업 베이스 Make-up Base

- 메이크업 베이스를 선택할 때는 피부 색상이 어둡고 반짝거리는 느낌이 들 수 있도록 베이지 펄Beige Pearl 제품을 사용한다.

1

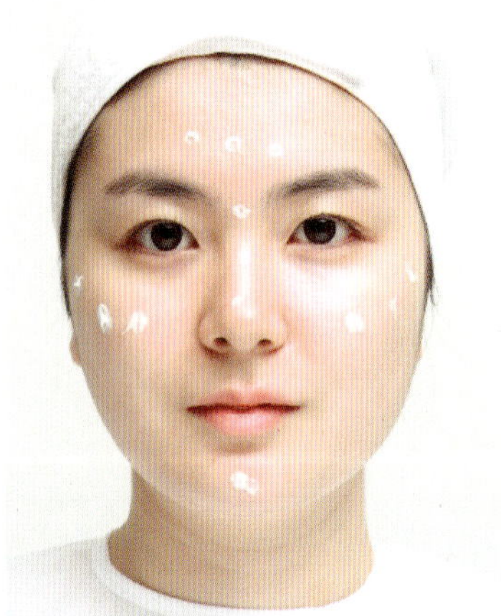

2

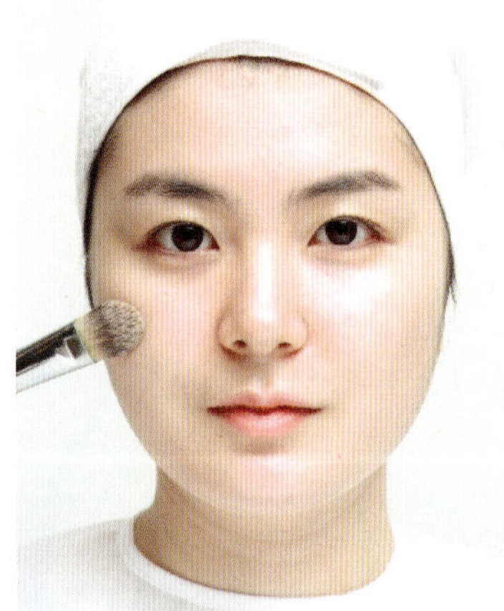

② **파운데이션**Foundation

- 피부 표현에 들어가기에 앞서, 피부의 결점 부분상처, 주근깨, 여드름, 기미 등을 컨실러Concealer를 이용하여 1차 결점을 커버한다.
- 얼굴 피부 표현에 사용하는 파운데이션은 스틱Stick 타입이나 땀이나 물에 지워지지 않은 기능성 파운데이션을 사용한다.
- 파운데이션은 해면 스펀지나 라텍스 스펀지를 사용하였으며, 미리 해면 스펀지나 라텍스 스펀지를 물에 충분히 적셔서 피부에 청량감을 주었다.
- 파운데이션은 고객의 피부 톤보다 1~2톤 정도 어두운 색상을 사용한다.

1

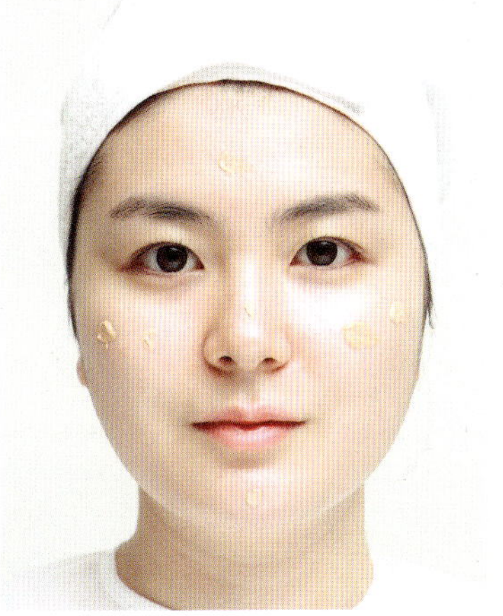

2

• 하이라이트를 이용하여 눈 밑 그림자, 표정 주름, 관자놀이 부위에 주름이나 음영이 진 부분을 밝게 처리해준다.

• 하이라이트를 넣기 전에 고객의 얼굴형 분석을 통해 하이라이트를 넣어주어야 할 부분을 미리 체크해 놓는다.

1

2

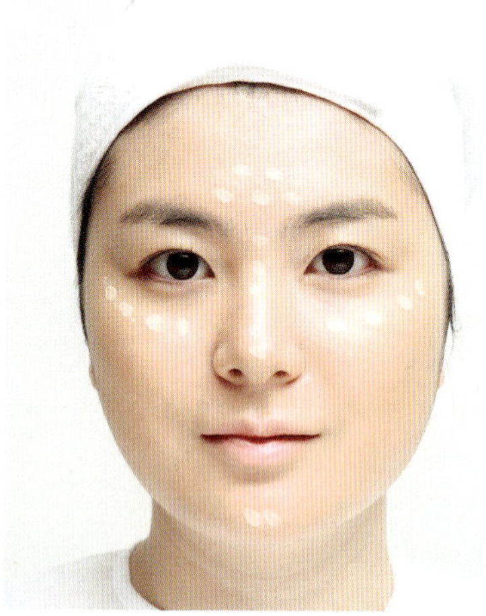

• 어두운 섀이딩은 얼굴 폭과 길이를 고려하여 섀이딩 처리할 곳을 미리 체크해 놓아야 하며, 얼굴 폭이 넓은 경우는 좌우 측면 얼굴 광대뼈 부분에 섀이딩을 넣고, 중앙 부분을 하이라이트를 해주어야 한다. 얼굴의 길이가 긴 얼굴형의 경우는 넓은 이마나 아래 턱 부분 또는 코 중앙 부분에 섀이딩을 넣어서 길이가 짧아 보일 수 있도록 음영 처리한다.

1

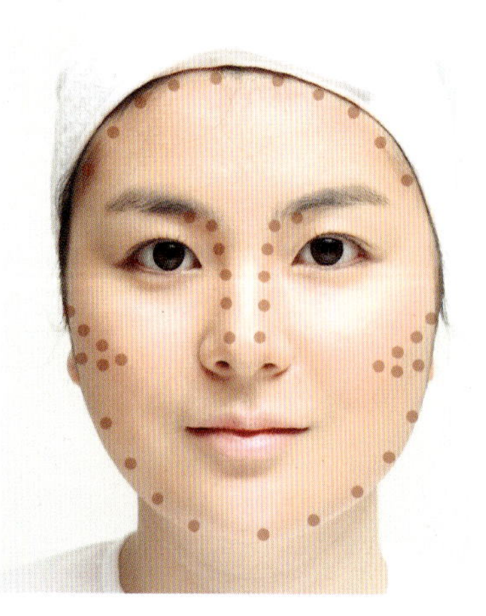

2

③ 파우더Powder

- 파우더의 색상은 베이지 색상이나, 펄 베이지 색상의 파우더를 사용한다.
- 파우더를 통해 얼굴의 입체감을 주고자 할 때는 밝게 튀어나와야 할 부분인 T–Zone 부분에는 투명 베이지 색상을 사용하고, 들어가 보이게 하고 싶은 볼 부분은 어두운 베이지 색상을 펴 발라주면, 얼굴의 입체감을 표현할 수 있다.
- 파우더는 넓은 곳에서 좁은 곳으로 발라주며, 바르기 어려운 부분이나, 빠지기 쉽다고 생각하는 부분은 다시 꼼꼼하게 점검한다.
- 파우더를 바른 후에는 반드시 남은 파우더를 털어낸다.

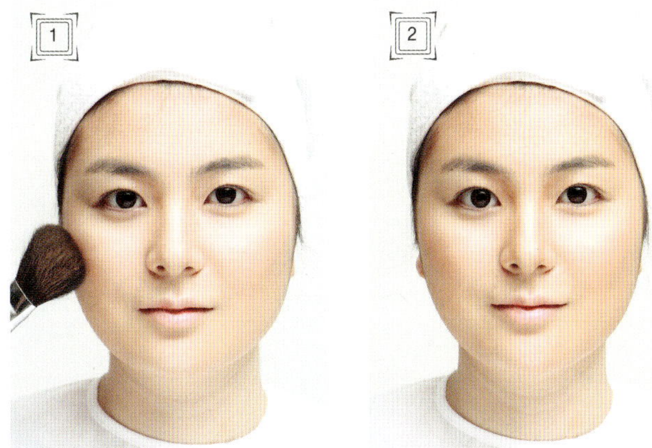

(2) 눈 메이크업Eye Make–up

① 눈썹Eye–Brow

- 고객의 눈썹 형태를 유지하면서 수정한다.
- 아이브로우 브러시 또는 나선형 브러시스크류 브러시로 눈썹을 쓸어준다.
- 아이브로우 펜슬또는 애보니 펜슬을 이용하여 눈썹형태를 그린다. 눈썹 형태는 고객의 얼굴형과 트렌드를 고려하여 선택한다.
- 수정된 눈썹 위에 브라운색 아이섀도를 사용하여 눈썹 색상을 마무리한다.

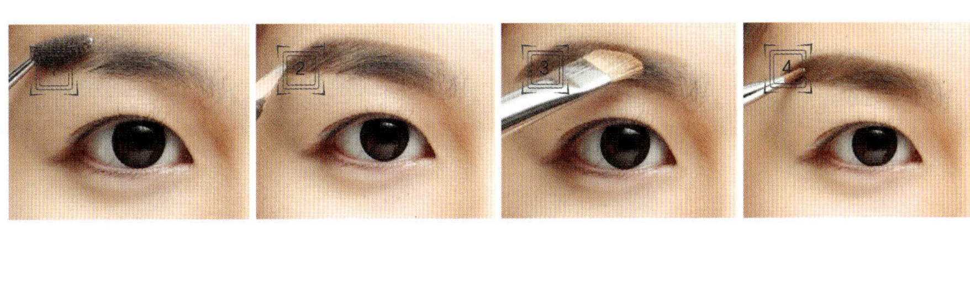

② **아이섀도**Eye shadow **: 세로 펴 바르기**

- 눈두덩이 전체에 아이스 핑크또는 화이트 펄 색상을 펴 바른다.
- 블루 색상을 사용하여 눈 끝 부분에서 중앙부분으로 자연스럽게 펴 바른다.
- 눈 중앙 부분에서 눈 앞머리 부분까지 연한 핑크 색상으로 펴 바른다.
- 눈 아래 부분에도 눈 앞머리 부분은 연한 핑크 색상을 바르고, 눈 뒷부분에는 블루색상을 바른다.

③ **아이라인**Eye line

- 검정색 아이라이너 펜슬을 사용하여 속눈썹 사이를 꼼꼼하게 채워준다.
- 검정색 젤 라이너를 사용하여 속눈썹 윗부분에 아이라인을 그려준다.

④ **마스카라**Mascara

- 아이래쉬 컬러를 사용하여 속눈썹을 위로 올린다.
- 검정색 마스카라를 이용하여 자연스럽게 표현한다.
- 첫 번째, 위 속눈썹을 안쪽에서 바깥쪽으로 고르게 바른다.
- 두 번째, 위 속눈썹을 위에서 아래로 쓸어주듯이 고르게 발라준다.
- 세 번째, 마스카라를 세워서 아래 속눈썹을 고르게 발라준다.
- 마지막으로 마스카라가 눈 주변에 묻지 않도록 투명 마스카라를 이용하여 위아래를 고르게 발라준다.
- 마스카라가 뭉친 경우에는 나선형 브러시스크류 브러시를 이용하여 쓸어내면서 뭉친 부위를 풀어준다.

(3) 인조 속눈썹 붙이기

- 눈의 길이에 맞게 인조 속눈썹을 자른 후, 인조 속눈썹 전용 풀을 사용하여 자연 속눈썹 바로 윗부분에 붙여준다.

(4) 입술 메이크업Lip Make-up

- 코랄색상 립 라이너를 사용하여 입술 라인을 그린 후, 입술 선 부위를 안으로 펴준다.
- 입술 전체에 핑크 색상의 펄이 첨가된 립 글로즈를 펴 발라서 자연스럽게 채워준다.
- 마지막으로 립 라인과 핑크 펄 립 글로즈의 그라데이션 상태를 확인한다.

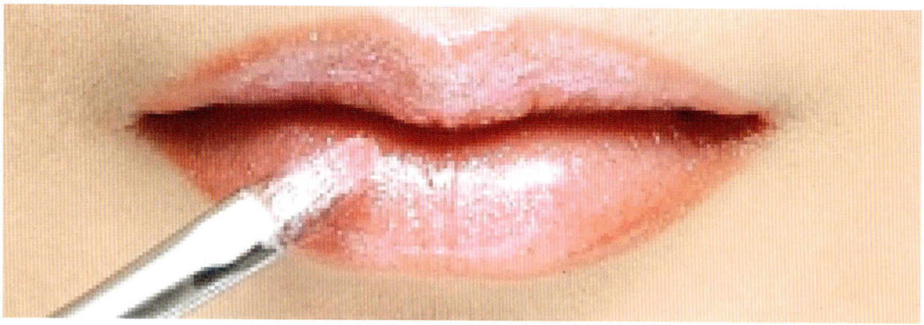

(5) 볼 메이크업Cheek Make-up

- 연한 브라운 펄 색상의 블러셔 제품을 치크 전용 브러시에 묻혀서 사용한다.
- 귀 중앙 부분 앞에서부터 광대뼈 부분까지 브러시를 45° 눕혀서 발라준다.
- 광대뼈 부분으로 갈수록 손목에 힘을 빼고 자연스럽게 빼준다.

(6) 얼굴 윤곽 섀이딩

- 윤곽 섀이딩 브러시를 이용하여 헤어라인 부분과 광대뼈 부분, 턱 부분에 음영처리를 해준다.
- 연한 브라운 색상을 이용하여 노즈 섀이딩을 넣어준다. 얼굴형에 따라 둥근 얼굴형은 코 끝까지 노즈 섀이딩을 넣어주고, 긴 얼굴의 경우는 코의 1/3 또는 2/3정도까지 노즈 섀이딩을 넣어준다.
- 음영처리를 해줄 때는 경계선이 생기지 않도록 주의한다.

(7) 하이라이트 마무리

- 하이라이트 전용 브러시를 이용하여 T-Zone과 눈 밑, 턱 부분과 같이 입체적인 느낌을 주고자 하는 부위에 하이라이트를 사용한다.
- 하이라이트 색상은 흰색, 흰색 펄, 아이스 핑크 등의 색상이 사용된다.

Summer Make-up

CHAPTER 4
Fall Make-up
가을 메이크업

Fall image map

4 가을 메이크업(Fall Make-up)

<table>
<tr><th colspan="4">Fall Make-up</th></tr>
<tr><td rowspan="2">Model</td><td colspan="2">이름</td><td></td></tr>
<tr><td colspan="2">특징</td><td></td></tr>
<tr><td rowspan="5">Base</td><td colspan="2">Make-up base</td><td></td></tr>
<tr><td colspan="2">Foundation</td><td></td></tr>
<tr><td colspan="2">Hi-light</td><td></td></tr>
<tr><td colspan="2">Shadow</td><td></td></tr>
<tr><td colspan="2">Powder</td><td></td></tr>
<tr><td rowspan="8">Eye Make-up</td><td colspan="2">Eyebrow</td><td></td></tr>
<tr><td rowspan="4">Eye Shadow</td><td>Base color</td><td></td></tr>
<tr><td>Gradation color</td><td></td></tr>
<tr><td>Point color</td><td></td></tr>
<tr><td>Hi–light color</td><td></td></tr>
<tr><td colspan="2">Eye Line</td><td></td></tr>
<tr><td colspan="2">Mascara</td><td></td></tr>
<tr><td colspan="2">기타</td><td></td></tr>
<tr><td>Cheek</td><td colspan="2">Color</td><td></td></tr>
<tr><td rowspan="2">Lip Make-up</td><td colspan="2">Lip color</td><td></td></tr>
<tr><td colspan="2">기타</td><td></td></tr>
<tr><td>마무리</td><td colspan="3"></td></tr>
</table>

가을 일러스트 (Fall Illustration)

3. 특징

- 가을은 여름철의 싱그러웠던 잎이 붉은 빛으로 바뀌면서 낙엽이 되어 떨어지는 계절이다. 가을의 이미지는 고즈넉함과 고적감, 무르익음의 농후함과 메마름이 연상된다.
- 가을을 대표하는 주 색상은 브라운 계열의 색감이 주가 된다.
- 가을 메이크업의 특징은 브라운 색감의 눈과 입술 메이크업으로 매트하고 차분한 느낌의 세련미를 전달한다.

4. 부위별 메이크업 방법

(1) 베이스 메이크업Base Make-up

① 메이크업 베이스 Make-up Base

메이크업 베이스는 피부 톤에 맞춰서 선택을 한다.

1

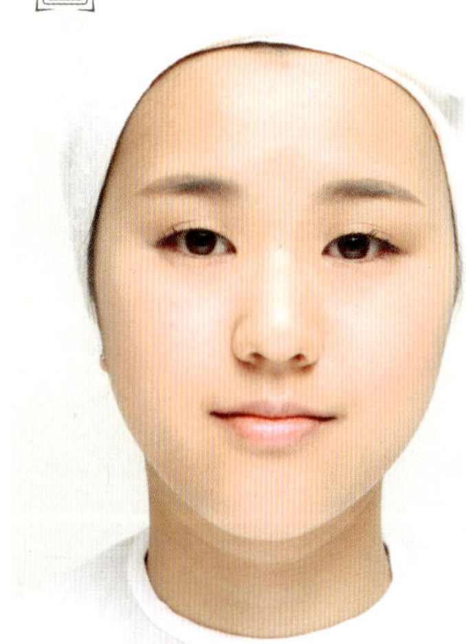

2

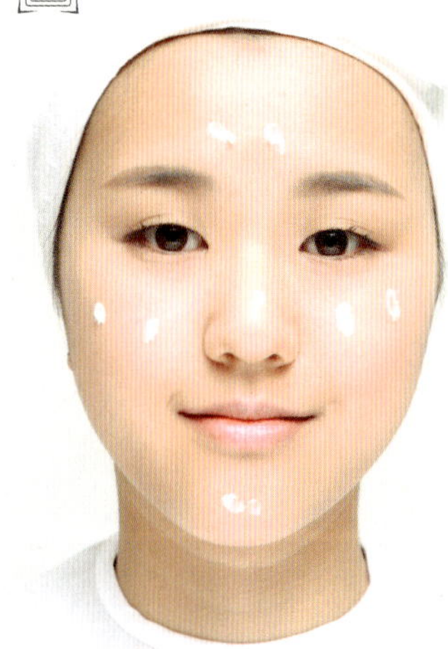

② 파운데이션 Foundation

- 피부 표현에 들어가기에 앞서, 피부의 결점 부분상처, 주근깨, 여드름, 기미 등을 컨실러Concealer를 이용하여 1차 결점을 커버한다.
- 얼굴 피부 표현에 사용하는 파운데이션은 메마른 피부를 촉촉하게 해 줄 수 있는 크림 타입을 선택한다.

• 파운데이션은 파운데이션 전용 브러시나 라텍스 스펀지를 사용하여 피부에 고르게 펴 바른다.
• 파운데이션 색상은 고객의 피부 톤에 맞춰서 선택한다.

1

2

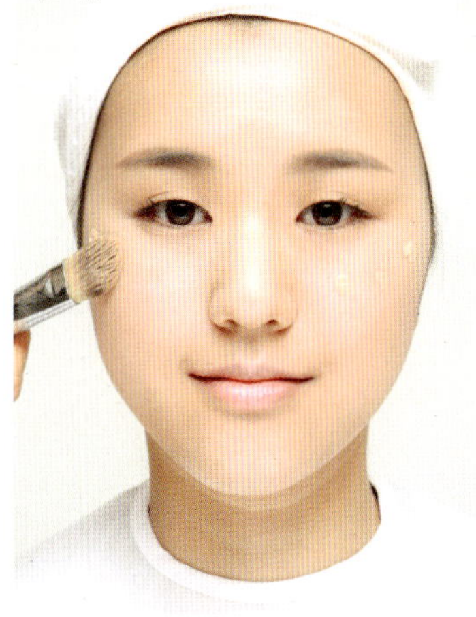

• 하이라이트를 이용하여 눈 밑 그림자, 표정 주름, 관자놀이 부위에 주름이나 음영이 진 부분을 밝게 처리해준다. 하이라이트를 넣기 전에 고객의 얼굴형 분석을 통해 하이라이트를 넣어주어야 할 부분을 미리 체크해 놓는다.

1

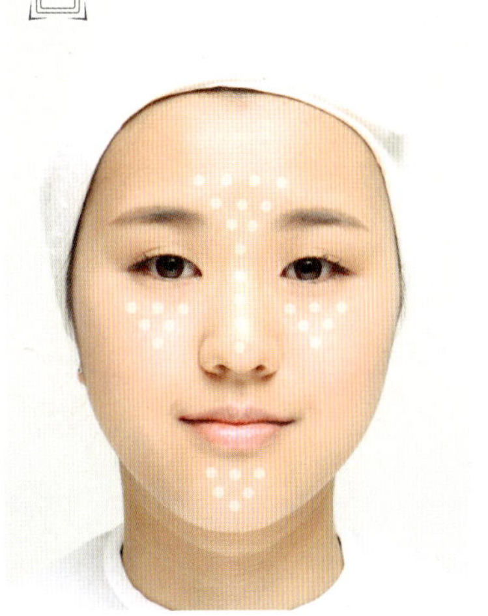

2

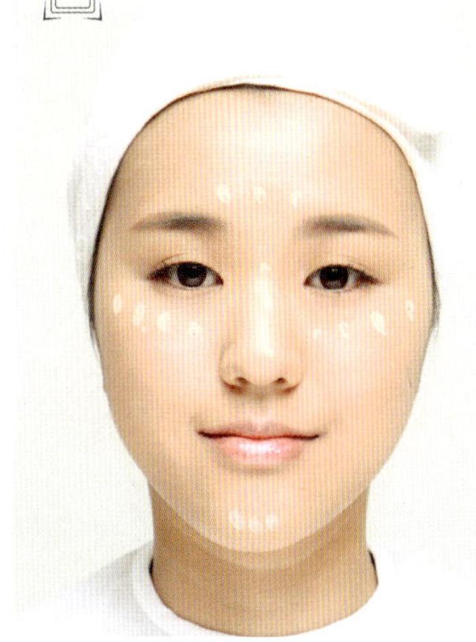

• 섀이딩을 넣어줄 때는 얼굴의 전체적인 윤곽을 보고, 튀어나온 부분이나 넓은 부분을 들어가고 좁아 보이도록 할 부분에 사용한다. 섀이딩과 베이스 파운데이션의 경계선이 생기지 않도록 주의한다.

③ **파우더**Powder

- 파우더는 투명 파우더를 사용한다.
- 파우더를 바를 때는 브러시로 가볍게 발라주는 방법과 분첩을 이용하여 발라주는 방법이 있다. 파운데이션을 두껍게 처리해야 할 경우에는 분첩을 사용하는 것이 좋으며, 파운데이션을 가볍게 처리한 경우에는 브러시에 파우더를 묻혀 가볍게 털어내듯이 사용한다.
- 파우더는 넓은 곳에서 좁은 곳으로 발라주며, 바르기 어려운 부분이나, 빠지기 쉽다고 생각하는 부분은 다시 꼼꼼하게 점검한다.
- 파우더를 바른 후에는 반드시 남은 파우더를 털어낸다.

(2) 눈 메이크업Eye Make-up

① 눈썹Eye-Brow

- 아이브로우 브러시 또는 나선형 브러시스크류 브러시로 눈썹에 묻은 파운데이션과 파우더를 쓸어준다.
- 아이브로우 펜슬또는 애보니 펜슬을 이용하여 눈썹형태를 그린다. 고객의 얼굴형과 트렌드를 고려하여 눈썹 형태를 정한다.
- 수정된 눈썹 위에 헤어 색감과 비슷한 아이섀도 색감을 사용하여 눈썹 색을 마무리한다. 전체 이미지 표현에 따라 헤어 색감보다 조금 밝은 색감이나 어두운 색감을 사용하기도 한다.

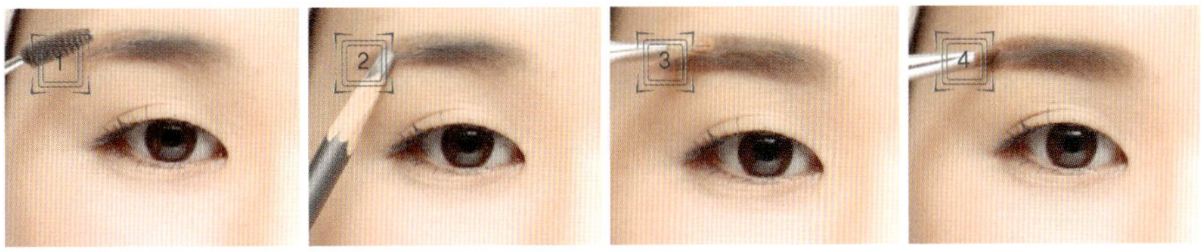

② 아이섀도Eye shadow : 스모키 기법

- 눈두덩이 전체에 밝은 베이지Beige 색감을 펴 발라 놓는다.
- 젤 아이라이너용 펜슬로 눈의 위와 아래 점막을 미리 채워 놓는다.
- 검정색의 아이섀도를 속눈썹 부분부터 눈꺼풀 부위까지 펴 바른다. 아래 속눈썹 부분 아래까지 검정색 아이섀도를 펴 발라 놓는다.
- 검정색 아이섀도 위로 붉은 갈색의 아이섀도를 눈두덩이 부분까지 그라데이션 한다. 아래 부분에도 검정색 아래 부분으로 붉은 갈색을 그라데이션 해서 펴 발라준다.
- 펄이 함유된 붉은 갈색 섀도를 이용하여 눈 중앙 부분을 중심으로 그라데이션 한다. 그리고 연한 베이지색 아이섀도를 이용하여 눈 윗부분과 눈의 아래 부분을 자연스럽게 그라데이션 해서 마무리 해준다.
- 스모키 기법은 눈의 점막을 채워주어야 스모키 아이 메이크업의 매력이 돋보인다.

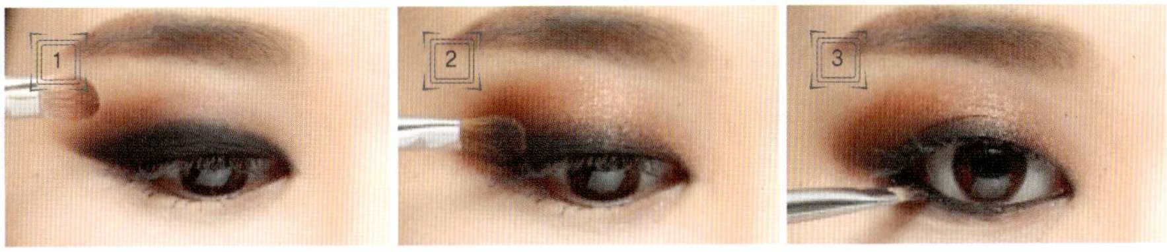

③ 아이라인Eye line

- 스모키 아이 메이크업의 경우, 아이라인은 따로 그려주지 않아도 된다. 아이섀도를 마친 후에 눈 위와 아래 점막 부분과 눈꺼풀 선에 검정색 젤 라이너가 잘 표현되어 있는지 점검하고, 지워진 경우에는 다시 아이라인을 그려준다.

④ 마스카라Mascara

- 아이래쉬 컬러를 사용하여 속눈썹을 위로 올린다.
- 검정색 마스카라를 이용하여 자연스럽게 표현한다.
- 첫 번째, 위 속눈썹을 안쪽에서 바깥쪽으로 고르게 바른다.
- 두 번째, 위 속눈썹을 위에서 아래로 쓸어주듯이 고르게 발라준다.
- 세 번째, 마스카라를 세워서 아래 속눈썹을 고르게 발라준다.
- 마지막으로 마스카라가 눈 주변에 묻지 않도록 투명 마스카라를 이용하여 위아래를 고르게 발라준다.

⑤ 인조 속눈썹 붙이기

눈의 길이에 맞게 인조 속눈썹을 자른 후, 인조 속눈썹 전용 풀을 사용하여 자연 속눈썹 바로 윗부분에 붙여준다. 낱개로 2~3개 가닥씩 잘라서 붙이면 좀 더 자연스러운 속눈썹을 연출할 수 있다.

(3) 입술 메이크업Lip Make-up

- 브라운색 립 라이너를 사용하여 입술 라인을 그린 후, 입술 선 안쪽으로 펴 바른다.
- 연한 베이지 색상의 매트한 립스틱을 안쪽에 바르고, 립 브러시를 이용하여 자연스럽게 그라데이션 해준다.

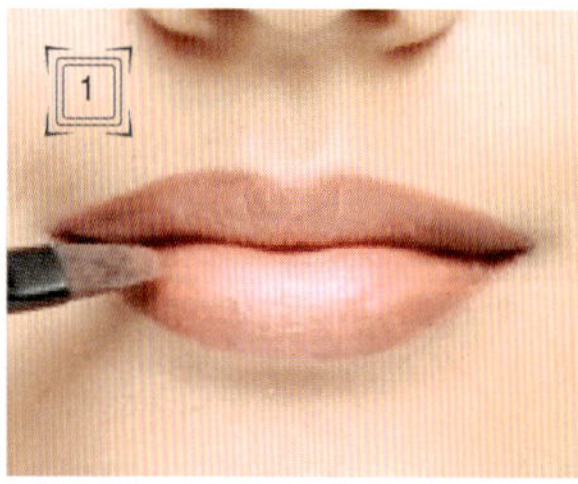

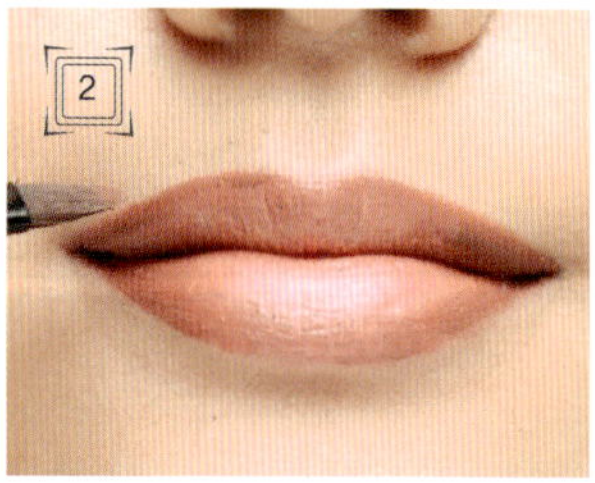

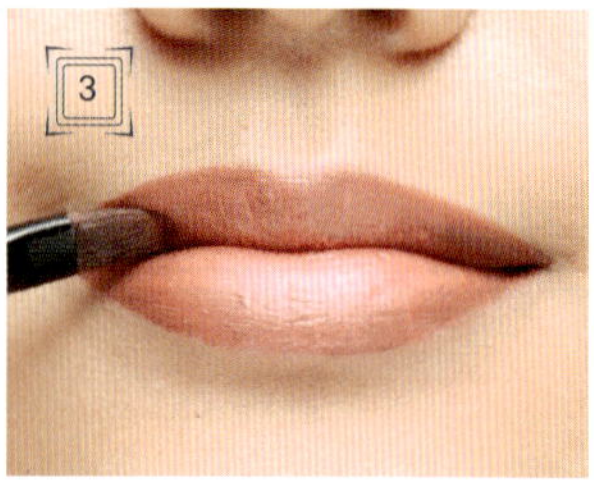

(4) 볼 메이크업Cheek Make-up

- 붉은 브라운 색상의 블러셔 제품을 치크 전용 브러시에 묻혀서 사용한다.
- 귀 중앙 부분 앞에서부터 광대뼈 부분까지 브러시를 45° 눕혀서 발라준다.
- 광대뼈 부분으로 갈수록 손목에 힘을 빼고 자연스럽게 빼준다.

(5) 얼굴 윤곽 섀이딩

- 윤곽 섀이딩 브러시를 이용하여 헤어라인 부분과 광대뼈 부분, 턱 부분에 음영처리를 해준다.
- 연한 브라운 색상을 이용하여 노즈 섀이딩을 넣어준다.
- 음영처리를 해줄 때는 경계선이 생기지 않도록 주의한다.

(6) 하이라이트 마무리

- 하이라이트 전용 브러시를 이용하여 T-Zone과 눈 밑, 턱 부분과 같이 입체적인 느낌을 주고자 하는 부위에 하이라이트를 사용한다.
- 하이라이트 색상은 흰색, 흰색 펄, 아이스 핑크 등의 색상이 사용된다.

Fall Make-up

CHAPTER 5

Winter Make-up
겨울 메이크업

Winter image map

5 겨울 메이크업(Winter Make-up)

<table>
<tr><th colspan="4">Winter Make-up</th></tr>
<tr><td rowspan="2">Model</td><td colspan="2">이름</td><td></td></tr>
<tr><td colspan="2">특징</td><td></td></tr>
<tr><td rowspan="5">Base</td><td colspan="2">Make-up base</td><td></td></tr>
<tr><td colspan="2">Foundation</td><td></td></tr>
<tr><td colspan="2">Hi-light</td><td></td></tr>
<tr><td colspan="2">Shadow</td><td></td></tr>
<tr><td colspan="2">Powder</td><td></td></tr>
<tr><td rowspan="8">Eye Make-up</td><td colspan="2">Eyebrow</td><td></td></tr>
<tr><td rowspan="4">Eye Shadow</td><td>Base color</td><td></td></tr>
<tr><td>Gradation color</td><td></td></tr>
<tr><td>Point color</td><td></td></tr>
<tr><td>Hi−light color</td><td></td></tr>
<tr><td colspan="2">Eye Line</td><td></td></tr>
<tr><td colspan="2">Mascara</td><td></td></tr>
<tr><td colspan="2">기타</td><td></td></tr>
<tr><td>Cheek</td><td colspan="2">Color</td><td></td></tr>
<tr><td rowspan="2">Lip Make-up</td><td colspan="2">Lip color</td><td></td></tr>
<tr><td colspan="2">기타</td><td></td></tr>
<tr><td>마무리</td><td colspan="3"></td></tr>
</table>

겨울 일러스트 (winter illustration)

1. 특징

- 겨울은 1년의 끝에 위치한 계절로 황량함과 쓸쓸함, 한 해의 저물어 가는 모습이 연상된다. 또한 이와 반대로 송년회와 송별회, 크리스마스가 함께 하여 화려하고 활기찬 겨울도 함께 연상된다.
- 겨울을 대표하는 주 색상은 눈雪을 연상하는 흰색과 화려한 파티를 연상하게 하는 와인 색상과 황금빛 색상이다.
- 겨울 메이크업은 화려한 분위기를 연출할 수 있는 와인 색상과 황금 색상, 흰색 펄의 아이섀도를 아이 홀 기법으로 표현하였다.

2. 부위별 메이크업 방법

(1) 베이스 메이크업Base Make-up

① 메이크업 베이스 Make-up Base

- 메이크업 베이스는 화이트 펄을 사용하여 화사한 느낌을 연출한다. 피부색이 창백한 경우, 보라색이나 핑크색을 사용하면 피부색을 보정할 수 있다.
- 피부 결을 매끈하게 표현하기 위해 프라이머를 사용하면 피부의 결을 보정하는 데 도움이 된다.

1

2

② **파운데이션**Foundation

- 피부 표현에 들어가기에 앞서, 피부의 결점 부분상처, 주근깨, 여드름, 기미 등을 컨실러Concealer를 이용하여 1차 결점을 커버한다.
- 얼굴 피부 표현에 사용하는 파운데이션은 커버력이 있는 기능성이 함유된 제품을 선택한다. 최근에는 리퀴드 파운데이션이라도 피부색 보정 효과가 뛰어난 신제품들이 출시되고 있다.
- 파운데이션은 파운데이션 전용 브러시나 라텍스 스펀지를 사용한다.
- 파운데이션 색상은 고객의 피부 톤에 맞춰서 선택한다.

- 하이라이트를 이용하여 눈 밑 그림자, 표정 주름, 관자놀이 부위에 주름이나 음영이 진 부분을 밝게 처리해준다. 하이라이트를 사용하기 전에 고객 얼굴분석이 이루어져야 하며, 그에 맞는 수정방법으로 하이라이트를 처리한다.

• 섀이딩을 넣어줄 때는 얼굴의 전체적인 윤곽을 보고, 튀어나온 부분이나 넓은 부분을 들어가고 좁아보이게 해야 할 부분에 사용한다.

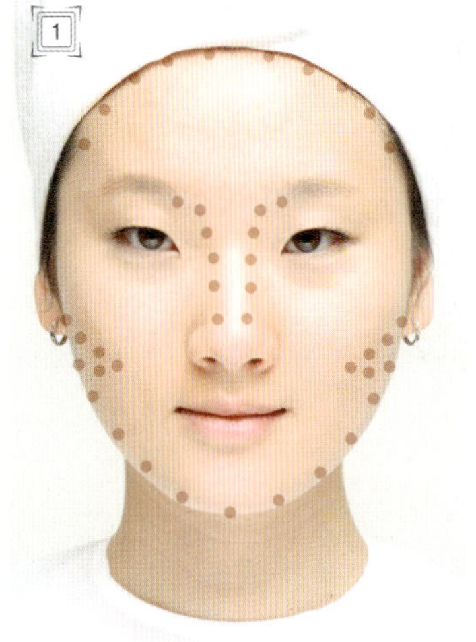

③ **파우더**Powder

• 파우더는 펄이 들어간 파우더나 핑크색 파우더를 사용하면 화사한 피부표현에 효과적이다.

• 파우더를 바를 때는 분첩을 사용하며, 분첩에 파우더의 양이 고르게 분포되도록 한 후, 얼굴에 파우더를 발라준다.

• 파우더는 넓은 곳에서 좁은 곳으로 발라주며, 바르기 어려운 부분이나, 빠지기 쉽다고 생각하는 부분은 다시 꼼꼼하게 점검한다.

• 파우더를 바른 후에는 반드시 남은 파우더를 털어낸다.

(2) 눈 메이크업Eye Make-up

① 눈썹 Eye-Brow

- 아이브로우 브러시 또는 나선형 브러시스크류 브러시로 눈썹에 묻은 파운데이션과 파우더를 쓸어준다. 쓸어줄 때, 피부에 사용한 파운데이션과 파우더가 벗겨지지 않도록 주의한다.
- 아이브로우 펜슬또는 애보니 펜슬을 이용하여 눈썹형태를 그린다. 고객의 얼굴형과 트렌드를 고려하여 눈썹 형태를 정한다. 겨울 메이크업의 눈썹 형태는 파티 분위기를 낼 수 있는 경쾌한 느낌의 각진 형태를 선택하였다.
- 수정된 눈썹 위에 헤어 색감과 비슷한 아이섀도 색감을 사용하여 눈썹 색을 마무리한다.

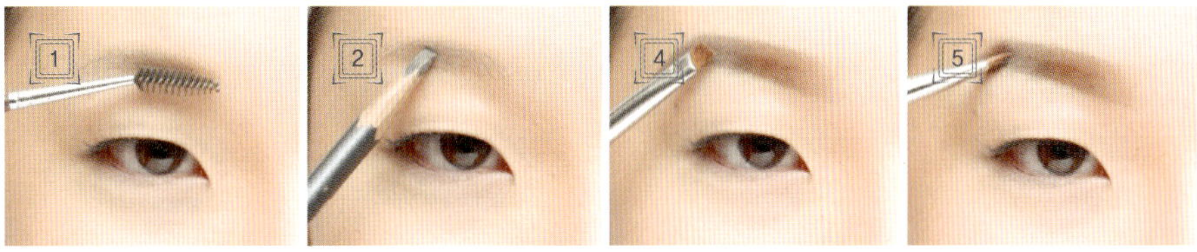

② 아이섀도 Eye shadow **: 아이 홀 기법**

- 눈두덩이 전체에 흰색 펄 색감의 아이섀도를 펴 바른다.
- 젤 아이라이너용 펜슬로 눈의 위와 아래의 점막 부분을 채운다.
- 아이 홀을 중심으로 와인 색상의 아이섀도를 펴 발라준다. 속눈썹 바로 위쪽 부분에도 와인 색상을 펴 발라준다. 눈꼬리 부분은 검정색이 더 강하게 표현되도록 포인트를 주어 펴 발라준다.
- 검정색 젤 라이너를 사용하여 눈 앞머리와 눈꼬리 부분을 확장하고, 눈 밑 부분도 검정색 라이너로 잡아 놓는다.
- 아래 눈 부분의 검정색 아이라이너 밑으로 와인 색상을 그라데이션 해준다.
- 아이 홀 기법은 눈의 홀 부분에서 선을 잡아서 아이 홀 윗부분으로 아이섀도 색상을 올려주고, 안쪽으로는 밝은 색을 사용하여 눈매를 크고 또렷하게 보이게 하는 것이 아이 홀 기법의 특징이다.

③ 아이라인Eye line

홀 라인 메이크업을 할 때 1차 검정색 아이라인을 그려서 아이섀도와 연결을 해 주었기 때문에 아이라인은 따로 그려주지 않아도 된다. 다만 인조 속눈썹을 붙이고 난 후에 인조 속눈썹 풀의 반짝거림을 잡고, 아이 라인을 더 정확하게 보이게 하기 위해 다시 아이라인을 잡아준다.

④ 마스카라Mascara

- 아이래쉬 컬러를 사용하여 속눈썹을 위로 올린다.
- 검정색 마스카라를 이용하여 위 속눈썹을 안쪽에서 바깥쪽으로 고르게 바른 후, 위 속눈썹을 위에서 아래로 쓸어주듯이 고르게 발라준다. 그리고 아래쪽 속눈썹에 마스카라를 바르기 위해 마스카라를 세로로 세워서 고르게 발라준다.
- 마지막으로 마스카라가 눈 주변에 묻지 않도록 투명 마스카라를 이용하여 위와 아래를 고르게 발라준다.

(3) 인조 속눈썹 붙이기

- 눈의 길이에 맞게 인조 속눈썹을 자른 후, 인조 속눈썹 전용 풀을 사용하여 자연 속눈썹 바로 윗부분에 붙여준다. 화려한 파티의 분위기를 연출하기 위해 인조 속눈썹은 일반 인조 속눈썹보다 2배정도 두껍고 긴 것을 사용하였다.
- 인조 속눈썹을 붙인 후, 본래 자연 속눈썹과 떨어져 보이지 않도록 마스카라를 이용하여 자연 속눈썹과 인조 속눈썹을 자연스럽게 붙여준다.

(4) 입술 메이크업Lip Make-up

- 브라운색 립 라이너를 사용하여 입술 선을 그린 후, 립 라인에서 안쪽으로 펴 발라준다.
- 연한 베이지 색상의 글로시한 타입의 립스틱을 안쪽에 바르고, 립 브러시를 이용해서 자연스럽게 그라데이션 시켜준다.
- 마지막으로 립 글로즈를 발라 윤기 나고 반짝거리는 입술을 연출한다.

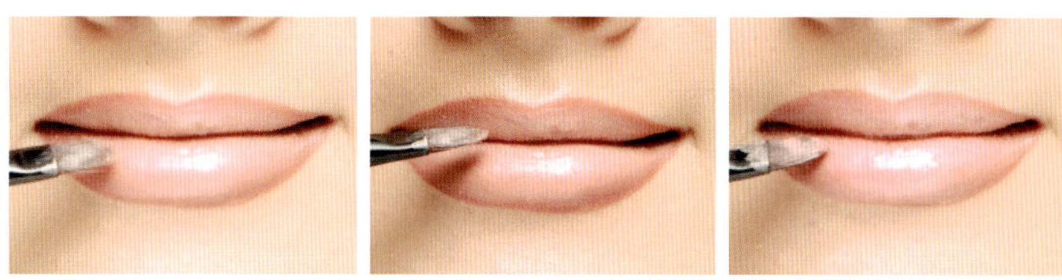

(5) 볼 메이크업Cheek Make-up

- 핑크와 코랄 색상의 블러셔 제품을 치크 전용 브러시에 혼합하여 사용한다.
- 귀 중앙 부분 앞에서부터 광대뼈 부분까지 브러시를 45° 눕혀서 발라준다.
- 광대뼈 부분으로 갈수록 손목에 힘을 빼고 자연스럽게 빼준다.

(6) 얼굴 윤곽 섀이딩

- 얼굴 윤곽 섀이딩 브러시를 이용하여 헤어 라인 부분과 광대뼈 부분, 턱 부분에 음영처리를 해준다.
- 연한 브라운 색상을 이용하여 노즈 섀이딩을 넣어준다.
- 음영처리는 경계선이 생기지 않도록 주의한다.

(7) 하이라이트 마무리

- 하이라이트 전용 브러시를 이용하여 T-Zone과 눈 밑, 턱 부분과 같이 입체적인 느낌을 주고자 하는 부위에 하이라이트를 사용한다.
- 하이라이트 색상은 흰색, 흰색 펄, 아이스 핑크 등의 색상이 사용된다. 화려한 느낌을 위해 화이트 펄과 아이스 핑크 펄을 사용하여 반짝거리는 느낌을 연출했다.

Winter Make-up

부 록

눈썹 그리기(Eye Brow Sketch)

– 표준형
– 직선형
– 상승형
– 둥근형
– 각진형

B a s i c

M a k e - u p

표준 눈썹 그리기

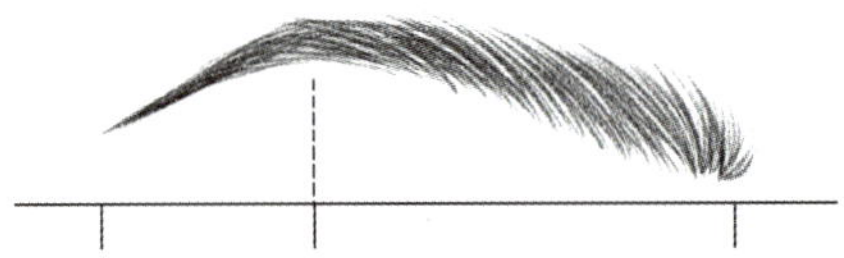

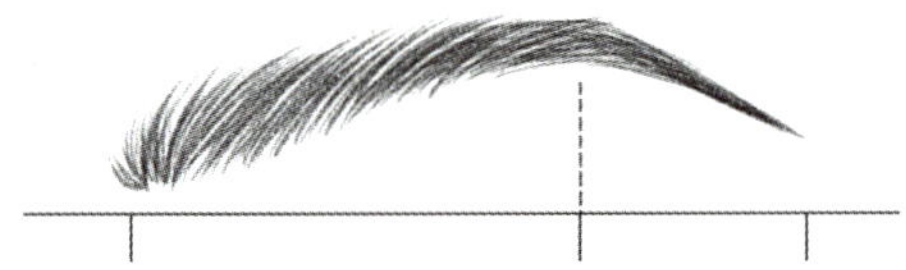

직선 눈썹 그리기

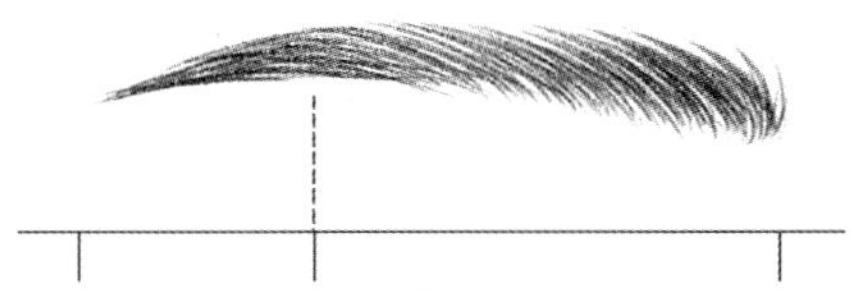

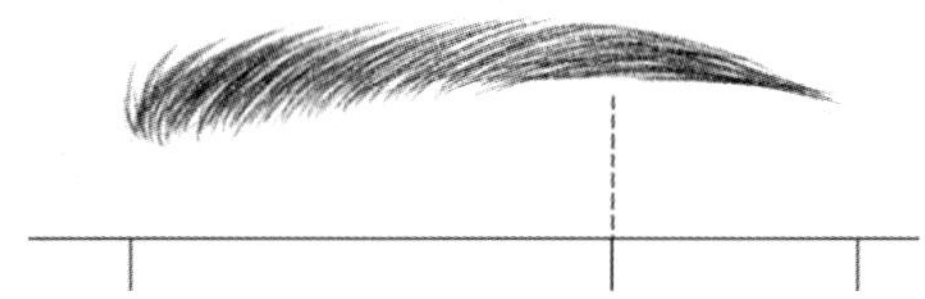

상승형 눈썹 그리기

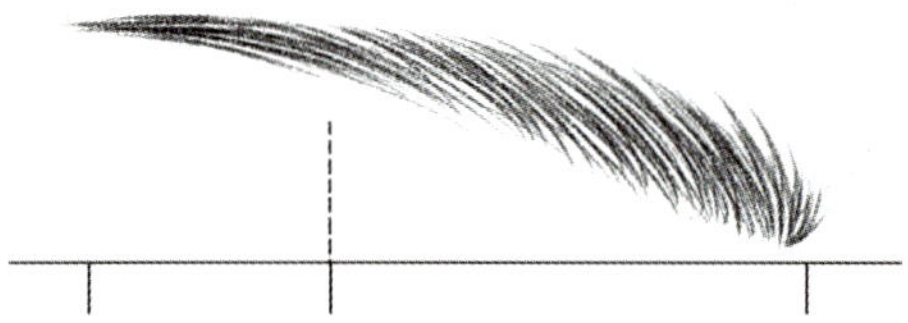	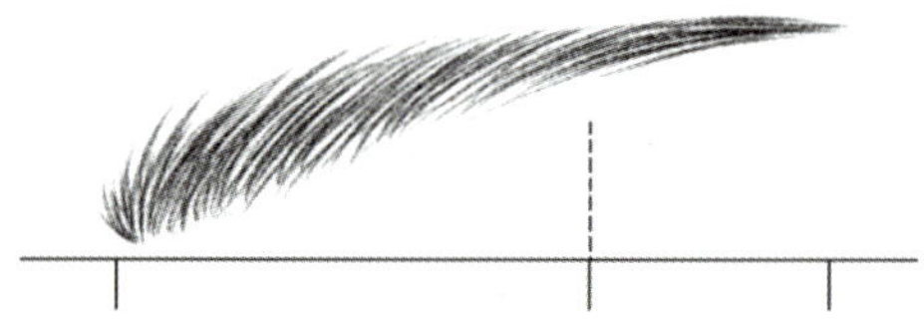

둥근형 눈썹 그리기

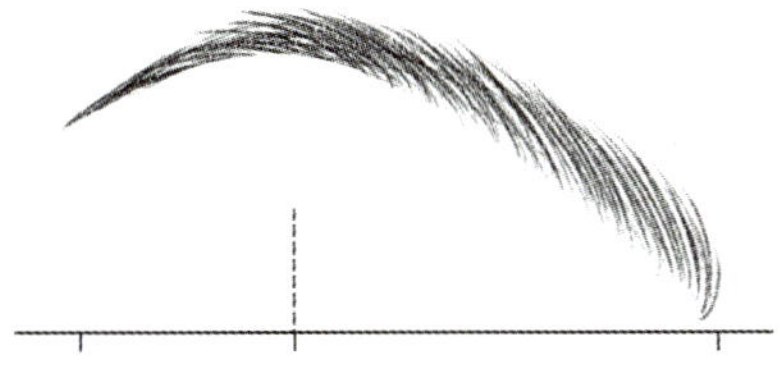

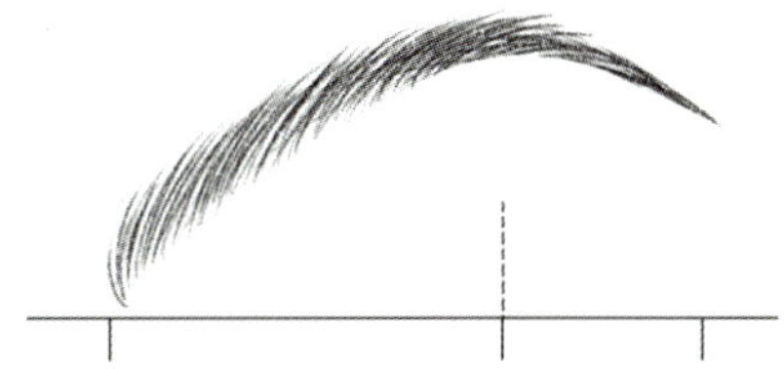

각진형 눈썹 그리기

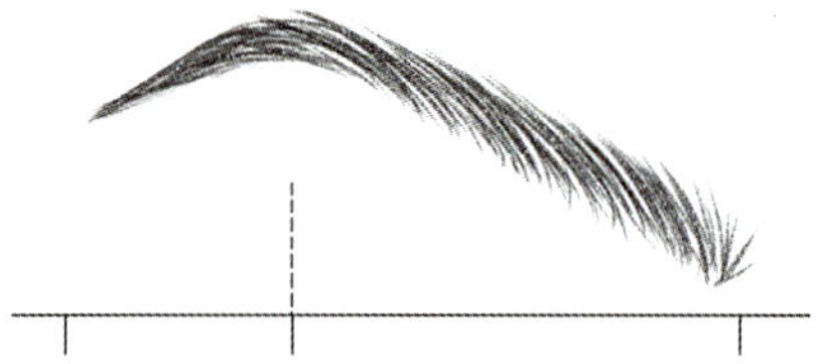

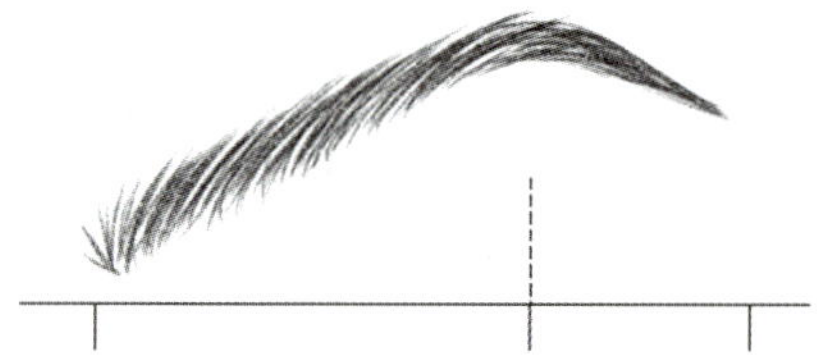

참고문헌

김희숙 외, "메이크업과 패션", 수문사, 1996.

도미니크 파케, "화장술의 역사:거울아 거울아", 시공사, 1998.

신단주, "메이크업 아카데미", 웅진출판, 1995.

이현주 외 , "The Make-up", 예림, 2010.

한명숙, "마뀌아쥬 예술", 청구문화사, 2003.

Beauty & Health 연구회, "메이크업 & 스타일 100년사", 현문사, 2000.

김영숙 외, "아크 메이크업", 예림, 2006.

김경순 외, "메이크업 Ⅱ", 청구문화사, 2000.

이상봉 외, "메이크업 디자인", 청구문화사, 2004.

이화순 외, "The Art of Make-up", 형설, 2003.

박민영, "Make-up Art", 청구문화사, 2002.

찾아보기

기초 메이크업

BASIC MAKE UP

2020년 9월 20일 초판 발행
2025년 2월 20일 재판 발행

저 자 조고미 · 최은미 · 하선옥 · 허미라
발행인 주병오 · 주민기
발행처 메디시인
경기도 파주시 회동길 209
파주출판문화도시
마케팅부 (031) 955 – 7566 · 7577
편집부 (031) 955 – 7731
FAX (031) 955 – 7730
독자의견 전화 (031) 955 – 7577
홈페이지 www.ji-gu.co.kr
이메일 jigupub@hanmail.net
등록번호 2005년 2월 16일
제 406–2005–000045호

ISBN 979–11–86739–99–0 값 25,000원

책은 사람을 만들고
사람은 책을 만든다.